U0313254

面向智能视频监控的异常检测与摘要技术

Research on Abnormal Activity Detection and Video Summarization for Intelligent Video Surveillance

祝晓斌　著

知识产权出版社
全国百佳图书出版单位

图书在版编目（CIP）数据

面向智能视频监控的异常检测与摘要技术/祝晓斌著. —北京：知识产权出版社，2015.7

ISBN 978-7-5130-3703-7

Ⅰ.①面… Ⅱ.①祝… Ⅲ.①视频系统—监视控制—研究 Ⅳ.①TN94

中国版本图书馆 CIP 数据核字（2015）第 183827 号

内容提要

本书较为全面地介绍了异常事件检测与摘要的相关概念、原理和技术方法。主要内容包括视频概念、特征提取、事件检测、摘要生成等。本书紧跟上述内容的国内外发展现状和最新成果，阐述了作者对视频摘要技术的理解和认识，尤其针对监控视频中的应用，进行了深入的探讨、分析和实例验证。

本书可以作为从事图像理解、模式识别、机器视觉等相关专业研究人员的参考书，对于计算机科学与技术、信息与通信工程、电子科学与技术等专业的研究生和高年级本科生也有一定的参考价值。

责任编辑：唐学贵　　　　　　　**执行编辑：于晓菲　聂伟伟**

面向智能视频监控的异常检测与摘要技术

Research on Abnormal Activity Detection and Video Summarization for Intelligent Video Surveillance

祝晓斌　著

出版发行：知识产权出版社 有限责任公司	网　　址：http://www.ipph.cn
	http://www.laichushu.com
电　　话：010-82004826	
社　　址：北京市海淀区马甸南村 1 号	邮　　编：100088
责编电话：010-82000860 转 8363	责编邮箱：yuxiaofei@cnipr.com
发行电话：010-82000860 转 8101/8029	发行传真：010-82000893/82003279
印　　刷：北京中献拓方科技发展有限公司	经　　销：各大网上书店、新华书店及相关专业书店
开　　本：720mm×960mm　1/16	印　　张：8.5
版　　次：2015 年 7 月第 1 版	印　　次：2015 年 7 月第 1 次印刷
字　　数：130 千字	定　　价：48.00 元

ISBN 978-7-5130-3703-7

前　言

随着摄像机视频监控的广泛应用，面对实时全天候摄入的海量视频监控数据，不仅需要对视频进行有效的组织和管理，还需要让计算机自动地理解视频内容并做出处理，实现智能化视频监控。智能化视频监控是计算机视觉领域的一个前沿方向，它综合利用模式识别、机器学习、计算机视觉、图像处理等技术，在交通管理、安全监控等方面有着广泛的应用前景，成为一个热点研究问题。而相关领域的数学算法和具体技术林林总总各不相同，甚至从思路上就大相径庭，这更需要我们下工夫进行梳理和提炼。

本书针对智能视频分析这一主题，围绕视频监控中的两个核心问题，即异常事件检测与摘要，详细地介绍了其概念、原理和技术方法。针对监控的复杂场景的需求，采用了机器学习、模式识别和计算机视觉中的一些先进技术，探讨了智能监控背景下的运动目标提取、事件分类和视频摘要等关键问题，为增强现有的智能视频监控系统的自动化程度和智能处理能力提供强有力的理论支持、技术帮助。

本书分为6章，内容安排如下。第1章概述了异常事件检测与摘要技术的研究背景和意义，介绍了目前国内外的发展现状，指出了主要难点和发展趋势；第2章详细回顾了智能视频监控中异常事件检测与摘要技术的研究现状，包括其相关研究、当前主要采用的方法、目前存在的研究难点以及将来可能的研究方向；第3章提出了基于社会力模型的拥挤场景下异常事件检测方法，用于全局异常事件检测；第4章针对拥挤场景中特征的噪声问题，提出了基于鲁棒性稀疏编码的拥挤场景下异常事件检测，用于全局和局部异常事件检测；第 5 章基于视频浓缩中内容冗余问题，提出了基于关键观测点选择的视频浓缩方法，提高浓缩的效率；第 6 章基于单摄像头视角受限问题，提出了基于摄像机网络的视频浓缩技术，展示大视角的视频摘要。

首先感谢中国科学院自动化研究所模式识别国家重点实验室的卢汉清研究员、刘静副研究员等多位老师给予作者长期的指导和教诲，还要感谢众多师兄弟在作者研究期间给予的启发和激励，更要感谢北京工商大学计算机与信息工程学院的领导和同事们不遗余力的关怀、帮助，尤其感谢国家自然科学基金（编号：61402023）对本书相关课题研究的支持。本书的出版也得到了北京工商大学青年教师科研启动基金资助项目（项目号：QNJJ2014-23）经费的支持，在此一并感谢。

由于视频监控领域的相关技术仍处于不断发展和完善阶段，加之作者水平有限，书中难免存在一些不足之处，敬请读者批评指正。

祝晓斌

2015 年 6 月

目　录

第1章 绪论

我们只能向前看到很短的距离，但是我们能够看到仍然有很多事情要做。

——阿兰·麦席森·图灵（1912—1954）

1.1 引言

随着信息化的迅猛发展，人类已全面进入了一个数字信息爆炸的时代。由于数字化信息爆炸似的增加以及传输、存储、处理方式的不断发展，人们将越来越多的把数字图像、视频等数字影像信息应用到家庭娱乐、生活管理、安全监护等方方面面之中，其带来的优质视听体验、便捷的服务给人们的生活质量带来了极大的提升，但与此同时，人们对于更高品质的追求，势必对海量数据的采集、存储、管理、查询以及智能分析带来更大的挑战。在人类感知外界信息的媒介中，视觉部分占据了80%以上，人们希望机器仿照人类视觉系统，通过电子化技术感知，通过计算机处理去理解图像，复制人类视觉效果，即形成了计算机视觉技术（Computer Vision）。

近二十年来，随着数字视频压缩技术、计算机技术和网络技术日新月异的发展，计算机视觉技术迅速成长壮大，发展为信息科学研究领域一个重要的分支。另外随着人民物质生活水平的提高，固定摄像机监控视频以其丰富、直观而具体的信息表达形式越来越得到广泛的应用。但与此同时，不间断获取的海量视频数据如何进行有效的管理，如何自动从中有效提取人们想要的信息和知识，成为一个十分紧迫的研究课题。智能视频监控（Intelligent Video Surveillance，IVS）是计算机视觉技术与多个科学技术结合的一个重要应用领域，作为计算机视觉研究的一个最显著的应用点，它利用图像处理、模式识别、人工智能等技术对监控系统采集到的视频图像序列进行处理和分析，智能化地理解视频内容并及时做出处理和反应，具有高度的学术价值和广泛的应用前景。

1.2　背景及意义

进入 21 世纪，特别是美国 9·11 事件、俄罗斯莫斯科人质等事件，极大地冲击了世人的传统安全观念，也强烈催生了人们对安全环境的关注和各种安全需求。在我国，伴随着经济的高速发展，交通事故、治安问题、恐怖袭击等社会不安定事件日渐增多，这使得我国公安部门对利用智能视频监控系统快速搜索定位犯罪目标辅助破案、对异常事件进行提前预警的需求空前强烈。在此背景下，以视频监控系统为代表的信息安全手段日益受到国内外的重视。

目前，视频监控系统已广泛应用到交通监控领域（如交通路口、机场、高速公路等）、军事和国家重要安全部门（如仓库、博物馆等）和敏感公共场合（如银行、超市、天安门广场等）。图 1-1 为几个典型的监控场景照片。从这些监控系统中所获取到的大量监控视频数据，为人们在安全防范和决策支持方面提供了很大的帮助。

图 1-1　几个典型的监控场景照片（来自互联网）

然而伴随越来越多的监控系统而来的是海量的视频数据，而对行为事件的检测和事后的事故原因分析（检索和浏览）等任务仍需要人的操作。这使得人的劳动量非常大，并需要人的高度注意力和警惕性。然而，这种需要人为参与的视频监控，由于存在着人类自身的生理弱点，使各类视频监控系统均或多或少地存在报警精确度差、误报和漏报现象多、录像数据分析困难等缺陷，从而导致整个系统安全性和实用性的降低。随着现代社会人类活动的范围越来越大，面临的突发事件和异常事件非常复杂，视频监控的难度和重要性也越来越突出。智能视频监控彻底改变了以往由人工对监控画面进行监视和分析的模式，而是通过机器学习、模式识别等算法，使用户可以更加精确地定义安全威胁的特征，在全天候实时监控的同时，大大提高报警精度和响应速度，有效降低误报和漏报现象，减少无用数据量。

从军事、警用到民用领域，智能视频监控系统都有着极大的应用前景。在军事上，通过视频监控准确掌握战场情况有利于指挥员判断战局做出合理军事决策，从而掌握战场主动。在警用领域，智能交通管理的大面积应用已证明了智能视频监控的意义，而在公众场所、高危区域建立智能视频监控系统一方面将震慑犯罪分子，减少罪案发生；另一方面可以做到提前预警、快速出警，将危害降到最低。在普通民用方面，智能视频监控运用到生产线上将大大提高生产效率，提高产品质量，运用到医学领域也可以辅助医生进行高难度的复杂手术，运用到其它监控管理场所也可以大幅度节省资源、提高效率。

1.3　国内外研究现状

在计算机技术和网络技术的引领下，视频监控技术实现了迅猛的发展。按图1-2所示，视频监控系统先后经历了三个时代，从21世纪90年代初的模拟视频监控时代到20世纪90年代中的数字视频监控时代再到进入21世纪后的智能视频监控时代。第一代视频监控系统使用传统的模拟摄录和存储设备，清晰度较低且视频信息的存储、检索和功能扩展均非常不便。随着数字技术的发展，20世纪90年代中期后出现了第二代数字化视频监控系统。数字视频监控系统的显著特征是使用数字化摄录存储设备取代了传统的模拟设备，同时，随着数字化编码压缩等其他计算机技术的发展，显著提高了视频数据的管理和处理能力，一些早期的图形图像处理算法开始在监控系统中投入实际应用，但此时的监控系统依然较为封闭，且受布线等因素的限制，监控区域也比较有限。当视频监控技术和当代图像处理与模式识别技术相结合就出现了第三代智能视频监控技术。智能视频监控具备对视频数据流自动地进行目标检测、跟踪、识别分析等功能。有别于传统的以人力为中心的视频监控系统，智能视频系统是一个以一系列图像处理和模式识别算法为核心的人不在回路中的闭合系统。当今计算机强大的数据处理能力使得智能视频系统能够运用较复杂的算法对视频流中的数据进行实时分析，按照使用者设定的逻辑和规则及时获取海量数据中的关键信息。系统不仅能够发现监控场景中的入侵等异常情况，还能够及时对异常情况发出预警并进行响应，提高了事件处理效率并减少了漏警现象。视频监控系统日趋复杂，在功能和性能上得到了很大的提高，在安防、国防安全、商业等领域展现了广阔的应用前景。在看到了智能视频监控系统技术的可实现性和应用前景的广泛性后，国内外高度重视，从学术界到工业界都投入了大量的人力和物力用于智能视频监控系统及相关技术的研究。

图1-2　视频监控系统发展过程

正是看到了智能视频监控的广阔应用前景，近些年世界各国，尤其在美英等国已经开展了大量相关项目的研究。从政府到企业，从学术界到工业界都在智能视频监控领域的研究上投入了巨大的精力，并且已经取得了很多实用的成果。这里列举一些典型的项目和系统：美国国防高级研究项目署（The U. S. Defense Advanced Research Projects Agency，DARPA）在1997年设立了以卡内基梅隆大学为首，联合麻省理工学院等多所高等院校和研究机构参加的视频监控项目（Video Surveillance and Monitoring，VSAM[2]），主要研究了实时自动监控军事和民用场景的视频理解技术；为了应对恐怖袭击，DARPA在2000年又资助了远程人类识别项目（Human Identification at a Distance，HID[3]），研究开发多模式的监控技术以实现远距离情况下对人的检测、分类和识别。民用研究方面，一些成熟的系统也得到了广泛的应用；Haritaoglu 等[4]开发了VSAM的一个子系统 W⁴（Who are they? When do they act? Where do they act? What are they doing?），使用单摄像机对复杂的室外环境下的行人进行定位和分割并实时跟踪多人；美国 ISS 公司的 AUTOSCOPE 2004[5]视频检测系统是一种分布式智能视频监控系统，该系统用于检测在铁路线上无人值守的候车室内和铁路沿线重要路段出现的遗弃物。AUTOSCOPE 技术通过在北美、欧洲和亚洲数以千计运行的交通智能管理监控系统中，得到了实践的验证，具有如下功能：通过车辆检测控制交通信号（模拟感应线圈）、检测车辆排队长度、检测转弯车辆、自动检测事故、测速、提供用户自定义的其他功能；IBM 研究院开展了基于监控视频的行为分析，开发了智能监控系统❶，其研究内容包

---

❶　http://www. research. ibm. com/peoplevision/index. htm.

括实时人/车等运动目标的检测与跟踪、人/车等运动目标行为的告警检测和相关事件的搜索与统计，让计算机自动智能地完成这些任务；欧洲的CROMATICA 系统，通过地铁站内人等目标的检测与跟踪监控，可以发现反常的人流（如过度拥挤），铁轨上异物出现的危险情况，以及流氓活动、斗殴等，并以声光等多媒体方式通知监控人员，或根据预先设置的处置程序自动处置发生事件；嵌入式智能摄像头系统 Smart Camera[6] 由 Princeton 大学嵌入式系统工作组研制，该系统可以获取场景的高层描述信息，并可以对所看到的场景做实时的内容分析。该系统的一个典型应用案例就是在对场景中行人的检测与跟踪的基础上，对人的行为进行探测和分析，达到人的姿势和行为辨识的目的。除此之外，还有 AVS[7]、Pfinder[8]、FDI 的 Smart System、ObjectVideo 的交通监控产品等项目。

在欧盟长期研究项目 EULTR（European Union Long Term Research）资助比利时 Katholieke 大学的电子工程系、法国国家计算机科学和控制研究院 INRIA（The French National Institute for Research in Computer Science and Control）等联合研究，为警察、法庭等司法机关提供基于图像处理的视频监控系统。1999 年，欧盟六所科研机构共同实施了视频监控和检索重大项目 ADVISOR（Annotated Digital Video for Surveillance and Optimized Retrieval），研究了公共交通网络的视频分析问题，通过多摄像机对地铁站点人的检测与跟踪监控，分析人和人群的密度、运动和行为等信息，用于检测危险或犯罪行为。在敏感安全场所的监控上，欧洲科研机构还针对机场环境进行了目标的检测及其异常行为的预警研究，如 2004 年由英国雷丁大学联合多家机构联合实施的 AVITRAC 项目。2005 年，欧洲多个组织联合开发了 ISCAPS（Integrated Surveillance of Crowded Areas for Public Security）项目，主要研究人的自动监控技术，用于发现人群聚集区域的潜在安全威胁。另外，如美国的麻省理工学院（MIT）、加州大学伯克利分校（UC Berkeley）、英国的牛津大学（Oxford）、剑桥大学（Cambridge）、法兰克福理工学院（Nagel）等，也都在智能视频监控领域展开了深入的研究工作。

在该领域，国内也有很多高校和研究机构，如中国科学院自动化研究所模式识别国家重点实验室、中国科学院计算技术研究所、清华大学、北京大学、上海交通大学、北京航空航天大学、北京理工大学、华中科技大学、微软亚洲研究院等科研单位的相关实验室，都进行了大量深入的研究。为推动我国在智能视觉监控领域的研究，中国科学院自动化研究所在 2011 年举办了第三届全国智能视觉监控会议，讨论视觉监控技术的研究动态和趋势，并促进国内科研人员在此领域的交流与合作。从 2011 年开始，国内该领域的青年学者开始组织视觉与学习青年研讨会（目前已经连续举办了五届）。中国计算机学会学科前沿讲习班已在 2012 年专门组织了面向全国科研工作者的"视觉模式识别"专题讲习班。IEEE 从 1998 年起资助了国际视频监控系统研讨会，连续三年分别在印度（1998）、美国（1999）和爱尔兰（2000）举办了视频监控的专题国际会议，2001 年，IEEE 在加拿大的温哥华举行了关于视频事件的检测与识别的专题国际会议。另外，当前国际上一些权威期刊如 IJCV（International Journal of Computer Vision）、CVIU（Computer Vision and Image Understanding）、TPAMI（IEEE Trans on Pattern Analysis and Machine Intelligence）、PR（Pattern Recognition）、IVC（Image and Vision Computing）、TNN（IEEE Transactions on Neural Networks）和重要学术会议如 ICCV（International Conference on Computer Vision）、CVPR（IEEE，Conference on Computer Vision）、ECCV（European Conference on Computer Vision and Pattrn Recognition）、AVSS（IEEE International Conference on Advanced Video and Signal-Based Surveillance）、ICIP（International Conference on Image Processing）、ICPR（International Conference on Pattern Recognition）、ACCV（Asia Conference on Computer Vision）等将智能视频监控研究作为主题内容之一，为该领域的研究人员提供了更多的交流机会。

1.4 主要难点与发展趋势

随着智能视频监控技术在人类社会多个领域的广泛应用，如何对异常行为事件做出正确的判断和预警，还有如何对海量视频监控数据进行处理便于快速浏览和分析，成为当前智能视频监控的重中之重。尽管近几年研究者们做了大量的工作，但是在异常事件检测和视频摘要中，仍然存在以下几个关键的技术问题：

（1）在拥挤场景下，如何提取有效特的征训练事件模型，进行异常事件检测。在拥挤场景下，由于背景复杂、遮挡严重，使得异常事件检测变成一个极具挑战的任务。许多现有的工作都是基于运动轨迹、光流或时空梯度等特征，用统计学等方法训练事件模型，进行异常检测。但在拥挤场景下，跟踪困难，光流等信息也含有大量的噪声。为了提高检测性能，如果在拥挤场景下提取更能反映群体行为的特征，训练事件模型是一个极其关键的问题。

（2）在训练样本有限的情况下，如何有效地训练模型，进行异常事件检测。在基于概率的模型中，为了更好地表示事件，需要提取样本更高维的特征，这样就需要指数级增长的训练样本个数去训练模型。但是正常的训练样本个数往往有限。另外由于拥挤场景下，遮挡严重，提取的特征包含很多噪声，现有的异常检测模型对噪声的处理不够鲁棒。如何解决好上面两个问题，是异常事件检测的关键。

（3）如何实现面向人群的场景语义理解。目前，人群场景理解研究中仍有很大挑战的问题是场景地点语义理解和异常事件语义理解。在人群场景的地点语义理解问题上，过去很少有针对性的工作，大部分的工作都是笼统地面向解决一般性的场景地点识别问题，无法适用于解决人群场景地点的识别，因此有必要设计一种针对人群场景的场景地点语义理解的方案。在人群场景的异常事件语义理解问题上，过去的工作多是基于目标检测和跟踪或基于大样本训练，前者的局限是无法在相互遮挡严重的复杂人群场景中使用；后者的局限是需要在特定场景中长时间训练，而且获得的模型并不稳定。因此有必要设计一种既能避免基于多目标检测和多目标跟踪等目前尚无法完全解决的难点问题，又能在实际场景中适应于多种场景的人群异常事件理解方法。

（4）如何生成更方便人理解并具有更高压缩率的视频摘要。视频浓缩是最近几年发展的基于运动目标的视频摘要，它生成高压缩率的视频概略，保留了原视频中目标的动态特性。但是，现有的视频浓缩算法只消除了时间和空间上的冗余，而没有消除内容上的冗余。在视频浓缩过程中，太多的运动观测目标会降低视频浓缩效率，并影响浓缩视频视觉效果。因此，如何在视频浓缩中从时间、空间和内容上消除冗余，是一个值得研究的问题。随着智能监控的发展，如何对在大场景中利用多摄像机进行监控显得尤为重要。基于大场景的视频浓缩，能够展现完整的运动行为，便于检索和浏览，已经越来越有价值和需要。其中如何对摄像机之间运动目标进行匹配，是一个关键且值得深入研究的问题。

1.5　研究内容与结构安排

本书主要针对智能视频监控中的两个核心问题，即异常事件检测和视频浓缩（基于目标运动的视频摘要），学习并借鉴了模式识别、机器学习和计算机视觉中一些先进技术，探讨了复杂场景下的特征提取以及异常事件模型建模、高效视频浓缩问题，为增强现有智能视频监控系统的自动化和信息处理能力提供理论支持、技术帮助。

1.5.1　本书的研究内容

本书围绕着图像目标的表示与识别这一主题，鉴于当前国内外相关领域的众多先进成果和空白之处，对以下几个方面的问题进行了深入的探讨和研究。

1. 拥挤场景下异常事件检测技术

拥挤场景下，目标之间遮挡严重，提取的特征包含大量噪声。本书根据应用背景和实际需求，探讨了社会力模型和稀疏编码算法在拥挤场景下异常事件检测的应用。社会力模型，重点研究了如果对互作用力进行建模，期间重点考虑了个体周围目标之间运动一致性，距离和运动视角问题对互作用估算的影响，最后采用稀疏主题模型（Sparse Topical Coding）训练模型，用来判别正常和异常事件。另外由于稀疏表示对高维特征稀疏特征具有很好的表达能力，本书探讨采用非负矩阵分解结合 EMD 距离学习字典，用来做拥挤场景下的异常事件检测。

2. 基于关键观测点选择的视频浓缩技术

由于监控视频目标运动对象序列中，相邻目标的相似性，造成很大的内容冗余。现有的关键观测点选择算法，通常通过聚类人为定义观测点数量，但是不同的运动目标行为不一样，造成关键观测点数量不一致。本书研究采用一种新颖多核相似度来自适应选择关键观测点。另外基于观测点选择，改进了视频浓缩能量损失函数，提高了视频浓缩的效率和浓缩视频的视觉效果。

3. 多摄像头视频浓缩技术

由于单摄像机视角有限，在大场景就需要多摄像机监控。多摄像机监控中，寻找或跟踪目标在不同摄像机中的完整行为非常困难。本书研究基于摄像机网络的视频浓缩，通过产生在整个场景上的浓缩视频，用来解决这个问题，便于浏览和检索目标在整个场景中完整的运动行为。为了进行摄像机网络上的视频浓缩，首先必须得到运动目标在多摄像机中的完整运动行为，本书研究采用重加权随机游走模型（Reweighted Random Walk）进行摄像机之间轨迹匹配。

1.5.2　本书的结构安排

本书的组织结构如下：

第 1 章，绪论。介绍了本书的研究目的和意义，并介绍了国内外的发展现状；列举了智能视频监控常用的数据库，探讨了智能视频监控的主要难点和发展趋势；介绍了常用的开发手段和环境；最后，对本书基本内容和结构安排进行简要说明。

第 2 章，视频分析与摘要研究现状。详细介绍了其相关研究、当前国内外研究主要采用的方法、目前存在的研究难点以及将来可能的研究方向。

第 3 章，基于社会力模型的拥挤场景下异常事件检测。基于社会力模型提出了一种互作用力估计方法，用于拥挤场景下的异常事件检测；在互作用力估计方法中，充分考虑了个体周围目标之间运动一致性、距离和运动视角问题；基于互作用力流，提取词袋特征，然后用稀疏主题模型训练模型，用来判别正常和异常事件。

第 4 章，基于鲁棒性稀疏编码的拥挤场景下异常事件检测。为了解决拥挤场景下遮挡问题，提出了一个基于稀疏编码框架的新颖的拥挤场景下异常事件检测的方法，用来处理特征的噪声和不确定性问题。算法采用非负矩阵分解来学习字典，另外采用堆土机距离（Earth Mover's Distance）作为距离度量。由于原始 EMD 的一个大问题是计算复杂度太高，为了解决这个问题，算法中引入了近似 EMD（wavelet EMD），保证算法性能的同时又降低了计算复杂度。

第 5 章，基于关键观测点选择的视频浓缩。现有的视频浓缩算法，虽然解决了时间和空间上的冗余，却忽略了内容上的冗余；另外在视频浓缩中，太多目标观测点，容易降低视频浓缩的压缩率和使浓缩视频变得杂乱；算法根据空间一致性、外观和运动三个方面的准则，采用数据驱动的方法来自适应选取关键观测点，用来代表原始视频中的运动行为，消除内容上的冗余；另外，把关键目标选择和视频浓缩算法结合，得到压缩率更高，损耗更小的浓缩视频。

第 6 章，基于摄像机网络的视频浓缩。采用基于加权随机游走的图匹配算法，结合多种有效特征，进行摄像机之间的轨迹匹配；浓缩算法上，考虑了目标重叠损耗，丢失损耗，背景不一致损耗和长度损耗，用模拟退火法进行优化，取得最佳排列，在全景图上叠加得到浓缩视频。

第2章 视频分析与摘要研究现状

> 科学家必须在庞杂的经验事实中抓住某些可用精密公式来表示的普遍特征，由此探求自然界的普遍原理。
>
> ——阿尔伯特·爱因斯坦（1879—1955）

2.1 引言

异常事件为不符合人们预期的正常模式的事件，是视频监控中用户最感兴趣的内容。智能监控中异常事件检测的目的就是能自动发现异常，甚至提前预测异常，将危害降到最低。它的关键问题是如何有效地抽取和表述运动行为（群体、个人）特征，以及如何根据得到的特征训练事件模型，用于异常检测。视频摘要目的为压缩原视频长度，保留原始视频的用户感兴趣内容，便于快速检索浏览，以便做后期的分析和判断。异常事件检测和视频摘要有很大关系，因为在视频监控中，用户最感兴趣和关注的往往是异常的行为或者事件。它们作为视频监控中两个核心问题，近年来研究人员对以上两个问题进行了深入的研究，并取得了一定的成果。本章将对异常事件检测和视频摘要的相关工作分别进行概述。

2.2　视频异常事件检测方法概述

异常行为事件，通常定义为小概率发生的事件。经过这些年的深入研究和发展，异常行为事件的研究已经从基于规则（Rule-based）的方法转移到基于统计（Statistics-based）的方法。基于规则的方法[9,10]用事先人为定义的规则去判断正常或者异常行为，这种方法仅仅对预先定义的异常比较有效。但是它缺少鲁棒性和可扩展性，因为场景中的事件种类非常多，很多类型不可能事先获得。为了克服基于规则方法的弱点，研究者用数据驱动的方式，利用基于概率的统计方法学习行为模型。这些统计的方法可以分为两类：一类是先学习一个正常的模型，用于检测异常；另外一类是利用观测数据的统计特性，在线自动学习正常和异常的模型。本节将对异常事件检测方法进行概述，其主要包括特征提取和表示方法概述、模型训练和学习方法概述。

2.2.1　特征提取和表示方法概述

关于场景中行为事件的描述，面临的问题是如何提取有效并具有辨识力的特征。这些特征应该对转换、旋转、光照等具有不变性[151-152]。特征的提取可以基于像素点（如基于像素点点梯度、颜色、纹理、运动历史信息等），或者基于目标（如轨迹、尺寸、形状、目标速度、目标轮廓等）。目前的研究工作中，轨迹、直方图、时空信息、光流、码字等各种各样的特征都被广泛应用，下面对一些典型的工作做一下介绍。时空信息已经证明[11]在运动理解上具有很强的描述能力，因此被各种工作中广泛采用作为特征描述。在文献［12-15］中，采用时空梯度信息，来做事件异常事件检测或运动模型建模。光流信息也被广泛运用，当运动信息和空间信息用来描述行为，空间偏离和不正常速度将被认为异常。在文献［16-22］中，则采用基于光流信息，利用粒子对流法提取运动粒子轨迹。基于粒子轨迹，提取互作用力、混沌不变子等特征，然后利用概率统计模型进行建模，用于异常事件检测或场景理解。在文献［23-30］中，则采用基于运动、方向、颜色、纹理等直方图和光流纹理作为特征。文献［30］中，作者利用多尺度光流直方图提取特征，用稀疏编码训练得到字典，基于字典利用稀疏重构误差判别异常。文献［28］中，作者利用块运动目标的速度、尺寸和纹理，进行异常事件检测。而文献［29］中，作者则对光流信息的纹理进行统计建模，用于拥挤场景下的异常事件检测。

运动目标轨迹提供了目标级行为的语义理解，文献［31-37］中，采用基于目标的轨迹对场景或者事件进行建模。文献［32］中，提取每个像素上的活动特性作为运动轨迹，然后利用共发模型（Co-occurences model），检测目标运动是否异常。文献［35］中，作者基于目标轨迹，分析场景中的关注区域，如出口、入口、交汇处、人行道等，并建立各区域的联系，可用于事件的异常检测。文献［33］中，作者基于目标轨迹，采用分层隐马尔科夫（HDP-HMM）进行行为建模，对异常行为进行识别。基于轨迹的方法，需要对目标进行跟踪，这就依赖于有效的背景建模方法提取前景，由于遮挡严重和背景复杂，导致跟踪经常出错。所以在拥挤场景下，为了避免对目标进行跟踪，通常利用运动信息进行建模[25,38]。另外还有一些方法基于不变子空间[39]、码字[38]、形状[40]等特征，进行异常事件检测。

2.2.2 模型训练和学习方法概述

对于正常事件如何建立模型，按照不同的标准分成不同的类型，如：基于聚类的异常事件检测方法、基于动态贝叶斯网络的方法、基于生成式主题模型的方法、基于稀疏编码的方法等。下面将对模型训练和学习方法进行简单的回顾。

1. 基于聚类的异常事件检测方法

当把异常事件检测的方法作为一个聚类问题，异常检测模型的训练和学习就是把相似的视频片段聚类，找出特定数量具有结构信息和语义信息的类。提取局部特征，并用低层特征描述行为，用统计学模型描述类结构。一个聚类算法，如果要用于异常检测，必须符合三个条件：①正常样本属于类，而异常样本不属于类；②正常样本离类中心近，而异常样本离类中心远；③正常样本属于大类，而异常样本属于稀疏的类。如果一个目标与主要的类中心都偏离较大，则被认为是异常。文献［36］中，用 k-medoids 对行为进行聚类。文献［41］中，作者用蚁群算法进行行为的聚类。文献［42］利用层次聚类算法对汽车运动轨迹进行聚类，用来做异常事件检测。在基于聚类的算法中，选择合理的类数目是个关键的问题，很多算法基于人为规定，这也导致这种算法扩展性和自适应性差。

2. 基于动态贝叶斯网络的方法

基于动态贝叶斯网络的方法，最近越来越重视。它能与统计方法结合，提供强大的机器学习的框架，用来对变量之间的相互关系进行建模，并可以融合先验知识。这种方法的复杂度，取决于行为本身的特点和建立模型需要的参数。学习由参数估计和建立对每个正常行为的模型组成。隐马尔可夫模型（HMM）以及基于它的改进模型在场景中进行行为建模是最流行的产生式动态模型。这是因为隐马尔可夫模型对时序数据建模非常有效，另外容易发现系统中的隐含关系结构。在学习中，通过正常样本训练得到隐含状态以及转移矩阵等参数。在测试中，如果时序样本以低概率满足该模型，就认为是异常。在文献［34］中，作者用隐马尔可夫模型对场景进行建模，但是对每个特定场景都定义了一个状态空间，这样导致它不能得到一个自适应的系统适用于不同的场景。在文献［26］中，作者利用多观测目标隐马尔可夫模型，在监控场景中自适应学习在线的异常检测模型。Kratz 和 Nishino[13]采用基于分布的隐马尔可夫模型，用于对视频局部区域进行运动模式建模，不符合运动模式的就认为是异常。但是，这个方法只对具有单一异常行为的场景比较有效。HMM 虽然是对时间序列建模的一种简单而有效的模型，但是当行为变得复杂或者在长时间尺度上存在相关性，就不满足马尔可夫假设。

HMM 是马尔可夫链的一种，它的状态不能直接观察到，但能通过观测向量序列观察到，每个观测向量都是通过某些概率密度分布表现为各种状态，每一个观测向量是由一个具有相应概率密度分布的状态序列产生。由于 HMM 在一个时间片断上只有一个隐藏节点和一个观测节点，在一个时刻需要将所有的特征压缩到一个节点中，那么所需要的训练样本将是巨大的（相当于联合概率密度函数）；动态贝叶斯网络（DBN）又称信度网络，是贝叶斯（Bayes）方法的扩展，是目前不确定知识表达和推理领域最有效的理论模型之一。而 DBN 在一个时间段上是任意结构的贝叶斯网络，可以包含有多个因果关系的节点，即用条件概率来形成联合概率，训练相对要简单，也给模型的设计提供了更大的灵活性，能够更准确地表达状态之间以及状态和观测之间真实的关系。在文献［25］中，作者在监控场景中利用谱聚类算法获取不同的行为模式，然后建立动态贝叶斯网络，用于异常行为事件检测。

3. 基于生成式主题模型的方法

生成式主题模型已经成功应用于信息检索中进行文本分析和语言分析领域，随着主题模型（如 LDA、pLSA、HDP 等）的发展，这几年已应用到异常事件检测中，并成为研究的热门。生成式主题模型用正常行为的高区别力的特征学习模型，把不能很好被模型解释的样本归为异常。主题模型能从视觉词汇的相互关系中自动发现行为。在贝叶斯主题模型的异常检测中，可以用视频段中行为的最大似然很好地进行概率解释，这非常适用于场景中很多主题在同一视频段中同时出现的情况。在主题模型用于视频时，用文本（Document）代表视频片段，这些文本基于潜在主题（Latent topic-行为类别）随机混合分布，每个主题则在词汇（Video Words）上分布。在文章［12，38］中，作者基于提取的轨迹和时间信息建立时空包，用 pLSA 模型发现这些包之间的关系，用场景异常行为检测。在文献［33］中，作者利用分层 Dirichlet 隐马尔可夫（HDP-HMM）模型，采用 Beam sampling 采样算法，实现视频监控中的行为异常检测和运动模式识别。在文献［43，44］中，作者利用 HDP 为先验分布的 iHMM 模型，分别用 MCMC 采样和变分推断实现视频监控中运动模式的训练，并依此检测异常行为事件。Mehran 等人［16］用简化的社会力模型用于异常事件检测。在用粒子对流法得到粒子轨迹后，计算轨迹上每个运动粒子的互作用力，用于描述人群行为。然后估计出互作用力场，用词袋方法提取特征，最后用 Latent Dirichlet Allocation（LDA）[45]训练模型，用于异常检测。

4. 基于稀疏编码的方法

事件检测作为一个一类学习问题，大多数算法都是在测试样本上训练概率模型，然后计算测试数据与概率模型的匹配程度，来判定测试数据是否异常。但是，为了更好地表事件，需要采用高维的特征，这样导致训练数据需要指数级增加，但是在实际中不太可能为概率密度估计提供足够的训练数据。基于稀疏表示的方法能很好地克服高维数据的问题。基于稀疏编码学习字典，正常事件通常可以用稀疏的重构系数产生小的重构误差，异常的事件与任何正常的基不同，稠密的重构系数产生大的重构误差。最近，Yang 等人［30］，采用新颖的基于 L_1 加权的最小稀疏重构误差，用来度量事件是否异常。Zhao 等人［46］中采用基于动态稀疏编码的方法，学习并在线更新字典，然后基于字典利用重构误差，判断异常事件。文献［47］中，作者采用三个交叉平面投影（LBP-TOP）的动态纹理特征，用奥卡姆剃刀（Dantzig Selector）计算稀疏编的，字典学习，用于异常事件检测。现有的稀疏编码算法，虽然能一定程度上克服特征中的噪声问题，但是在拥挤场景下，还是不够鲁棒。

2.3　视频摘要方法概述

视频摘要（Video Summarization）技术利用计算机视觉和统计学的相关理论和方法对一段长时间视频文件的内容进行分析和处理[154-155]，提取关键信息，生成一个能最大程度概括原始文件信息的视频文件。它是一种基于视频内容的压缩方法，摘要后的视频序列比原始视频要短得多，可极大程度地节省存储空间；同时由于保留原始视频的基本内容，可方便地实现对视频事件的快速浏览和检索。从技术研究的角度看，视频总结技术是近年来多媒体分析领域的一个研究热点和难点，为如何有效地分析视频数据提供了一种新的思路，因此被学术界所逐渐重视。在这里，从基于关键帧（Key-frame Based Video Summary）和基于目标运动信息（Object-based Video Summary）的角度对视频摘要技术进行分类。下面对这些方法做一个简单的回顾。

2.3.1　基于关键帧选择的视频摘要方法

基于关键帧的视频摘要技术以"帧"作为不可再分的最小表示单元，根据摘要视频是否保持视频动态特性，可以将视频摘要分为视频略览（Video Summary）和视频梗概（Video Skimming）两大类。

基于关键帧的视频略览实际上是将关键帧以一张拼贴画的形式输出，其浏览的方式包括拼贴（Video Collage）、故事板（Storyboard）和场景转移图（STG）等。视频拼贴[48]是从视频序列里面选取关键帧，然后从关键帧中选出最感兴趣的区域，并根据它们的显著性进行缩放，最后在一块画布上无非拼接成一张带时序的图。故事板[49]的浏览方式是按照时间顺序显示和浏览关键帧的缩略图，其周围还伴随显示关键帧的相关属性，如该镜头持续时间或者摄像机运动情况介绍等。场景转移图[50]是用一个有向图来反映视频内容的场景转移，支持对视频进行层次化的非线性浏览。

视频梗概是从原始视频中选择能够刻画原始视频内容的小片段或者镜头内容加以编辑合成，所以它本身就是一个视频片断，因此保持了原始视频的动态特性。N. Petrovic 等人[51]利用用户定义的感兴趣帧作为关键帧，基于关键帧自适应调整视频播放速度（Adaptive Fast-forward）。A. M. Smith 等人[52]将视频中信息贫乏的段节舍弃，而利用信息丰富的视频段拼接形成新的视频（Video Skimming），输出视频类似电影预告片的效果。Narasimha

等人[53]运用神经网络与运动强度描述符和空间活动描述符的方法提取关键帧，其效果很好，能够很丰富地表现出视频内容，但是这种方法依赖于算法阈值的选择，以及计算量大的问题，不能实时处理。文献［54］提出的一种基于 MPEG 视频流运动特征的关键帧选取方法主要利用了模糊推理算法的思想，完全基于 MPEG 视频压缩域，综合利用了 MPEG 视频流的各种运动特征（包括匹配度、匹配度差、运动强度差、I 帧集中度等）进行模糊推理来提取关键帧。

2.3.2 基于目标运动信息的视频摘要方法

基于关键帧的视频摘要技术，摘要视频中存在大量的冗余信息。基于目标运动信息的视频摘要技术，打破传统视频摘要技术中"帧"作为不可再分最小基本单位的特点，摘要视频长度进一步缩短，存储空间大大节省。从技术上主要可以分为两类，视频蒙太奇（Video Montage）技术和视频浓缩（Video Synopsis）技术。

微软亚洲研究院[55]提出视频蒙太奇技术，同时分析时间和空间上的信息分布，抽取出时空上的运动信息用立体块表示，进而运用首次拟合以及图割方法完成立体块的压缩任务，产生摘要视频。该方法能够很好地压缩视频，但一方面运动目标的空间信息可能发生改变，另一方面不同目标区域间缝合的缝隙不可避免，这都给用户浏览带来障碍。B. Chen 等人受 seam carving[56]工作的启发，将 remove 1D seam 的 2Dcarving 问题推广到 remove 2D sheet 的 3D carving 问题，提出了视频雕刻（Video Carving）的方法[57]。Seam carving 采用动态规划检测并移除与周围混合程度最大的 seam，从而在图片降采样时尽可能保持信息丰富区域的视觉效果；视频雕刻在视频中定义"sheet"取代 seam carving 中的"seam"，将原视频可以定义为 3D MRF，利用最小割（Min-cut）方法检测冗余信息最大的"sheet"并移除，剩下的节点沿时间轴补齐，迭代进行即可得到摘要视频。这种方法虽然打破了基于关键帧的思路，将原视频中不同帧的信息融合到新视频的同一帧中，但本质上仍然不是基于运动目标，最后的总结视频中运动物体可能是不完整的，视觉效果不尽人意。

以色列希伯来大学的 A. Rav-Ach 等人[1,58,59]提出了一种基于目标运动信息的视频浓缩（Video Synopsis）技术。视频浓缩打破了传统视频摘要体系，通过优化算法对运动目标的时间上进行改变，保留了运动目标的空间位置，使得浓缩后的视频在时间一致性和空间一致性上的能量损耗最小。视频浓缩不仅消除原视频中时间和空间上的冗余，保留视频的动态变化过程，还能极大地压缩原视频长度。文献［60］中，采用基于运动信息和表观特征对运动目标进行聚类，基于聚类进行视频浓缩。Zhu 等人[61]利用数据驱动模式，基于多核相似度自适应选择关键观测点，用来消除目标在内容上的冗余，并改进视频浓缩算法，提高视频浓缩的效率。作者在此基础上，又进一步提出了基于摄像机网络的视频浓缩，可以得到大场景中展现目标完整运动行为的浓缩视频。S. Feng 等人[62]则基于轮盘赌算法提出了在线视频浓缩技术，提高了视频浓缩的运算速度。文献［63］中，作者结合事件检测算法，选取感兴趣的事件，进行视频浓缩。总体而言，视频浓缩算法尚在研究的起步阶段，算法中的很多技术细节，如均值滤波方法得到背景视频、图割方式得到目标体，计算量过大；另外能量函数的物理意义不够明确，计算复杂，不利于实际应用。

第3章　基于社会力模型的拥挤
场景下异常事件检测

你们在想要攀登到科学顶峰之前，务必把科学的初步知识研究
透彻。还没有充分领会前面的东西时，就绝不要动手搞往后的
事情。

——巴甫洛夫·伊凡·彼德罗维奇（1849—1936）

3.1　引言

拥挤场景下的群体异常事件检测是计算机视觉中最有挑战性的问题之
一。因为当运动目标密度较大、场景较复杂时，目标的识别和跟踪极大地
增加了检测算法的复杂度；另外，目标的分割与跟踪，也由于遮挡、噪声
等问题，降低了其准确率。异常事件检测的关键问题是检测甚至预测异常
事件，例如，找出不符合预期模式的事件。图3-1是两个异常事件的例
子：人群恐慌逃散和人群在街头打架。近年来，随着社会的发展以及人口
的不断增多，大规模人群活动中突发事件造成的人员伤亡引起人们对社会
公共安全问题的高度重视，使得对群体事件的异常检测成为监控领域的研
究热点。

（a）　　　　　　　　　　　　　　（b）

图 3-1　异常事件例子

（a）人群恐慌逃散；（b）人群在街头打架

　　拥挤场景下的群体异常事件检测在计算机视觉领域已经有比较全面的研究，发展出一些比较完善的模型。近年来，社会力模型（Social Force Model）在异常检测中广泛应用，并取得良好的性能。社会力模型[64]是由 Helbing 等人提出并用于人群行为建模，它用数学形式描述了人群中个体的运动及其与周围环境互作用力情况。Mehran 等人[16]则首先将社会力模型应用于智能监控视频的群体异常事件检测中，在其算法中用社会力模型计算每个运动粒子（个体）与周围环境的互作用力，得到视频图像上的互作用力流，基于互作用力流提取词袋特征，最后用机器学习方法训练模型，用来判别异常事件。如何更加合理地考虑周围环境对个体的不同影响，用来更准确地估计个体之间互作用力，是个关键问题，也是本书的研究重点。

　　为了解决上述问题，我们基于社会力模型提出了一种更加准确的互作用力估计算法，在算法中充分考虑了运动粒子（个体）与其周围目标之间运动一致性、距离和运动视角问题的影响。算法框架如图 3-2 所示。首先，采用粒子对流法[65]提取运动粒子，作为互作用力估计的运算单元。然后，基于社会力模型，进行互作用力计算，并在计算中综合考虑周围运动粒子三个方面影响，即运动一致性、距离和运动视角。为了得到具有相同运动模式的粒子组，本书引入高辨识率的频域步态特征，结合运动特征和空间距离特征，用谱聚类算法进行聚类，得到粒子组信息。在本书中，组就是邻近领域内具有相同运动模式的粒子。作为一个理想情况，每个组相当于一个独立的运动单元或者人体部位，如头部和手部。做一个合理的假设，认为同一组内的粒子之间没有互作用力的影响。另外，粒子之间由于运动方向的问题，互作用力大小同，例如一个粒子，它前面的视角范围内的粒子，会对它造成影响，但是它身后的粒子，不会对它造成影响。本书算法也考虑了粒子之间距离对计算互作用力的影响。在得到每个粒子的互作用力后，在视频图像上就得到了一个互作用力流。基于互作用力流，提取词袋特征，然后用 Sparse Topical Coding[66]训练模型用来判别正常和异常事件。

图 3-2 算法流程图

3.2 相关工作

异常检测本身就是一个热点研究问题，在各个领域都有广泛研究。在计算机视觉领域中，针对拥挤场景和非拥挤场景的异常事件检测，都已经提出了很多算法。本书着重介绍拥挤场景下的异常事件检测。根据采用的特征类型，拥挤场景下异常检测大概归纳为两类。第一类方法是基于目标提取，它把群体当作独立目标的集合[67-69]。为了理解拥挤场景下群体行为，必须要先进行分割、检测或者跟踪。在简单的场景下，这种方法能取得很好的性能。但是在拥挤场景下，目标之间遮挡严重，分割或者检测准确率低，导致检测性能严重下降。另外由于大量运动目标存在，会极大地增加算法复杂度。第二类方法为了避免拥挤场景下的分割或跟踪，采用运动信息作为特征。在本书工作中，主要关注后面这类方法。

目前流行的拥挤场景下异常事件检测的算法通常基于光流或者时空梯度信息[13,16-19,30,70]，采用粒子对流法提取目标运动信息。这种方法把运动粒子初始分布在图像点上，然后根据运动信息（光流）进行对流运动，提取运动粒子轨迹。在文献［70］中，首次采用粒子对流法用于拥挤场景下行为分析。在此工作中，作者使用四阶龙格—库塔算法在光流场上进行拟合，求得运动粒子轨迹。文献［17］在文献［70］基础上进行拓展，基于运动粒子轨迹，求出混沌不变子，用于一致性和非一致性运动的场景。文献［18］中则引入流迹线概念，并与粒子对流法结合，能够包含粒子流中的空间变化。在文献［16］中，Mehran 等人用简化的社会力模型用于异常事件检测。在用粒子对流法得到粒子轨迹后，计算轨迹上每个运动粒子的互作用力，用于描述人群行为。然后估计出互作用力流，用词袋方法提取特征，最后用 Latent Dirichlet Allocation (LDA)[45]训练模型，用于异常检测，互作用力幅度最大处为局部异常发生处。文献［19］引入粒子群优化算法，用于改进社会力模型中互作用力的计算。在此工作中，异常检测用经验阈值来判断，这种方法过分依赖于特定场景而且太随意。在上面提到的基于互作用力的方法中，粒子周围的运动一致性、距离和视角都没有充分考虑。

除了上面提到的方法，还有一些基于模型的方法用于异常事件检测。Kratz 和 Nishino[13]采用基于分布的隐马尔科夫模型（Hidden Markov Models，HMM），用于对视频局部区域进行运动模式建模，不符合运动模式的就认为是异常。但是，这种方法只对具有单一异常行为的场景比较有效。Zhu 等人[71]提取了基于光流信息的频域特征，结合多尺度光流直方图和动态纹理特征，用多核学习的方法学习 SVM 分类器，用于异常事件检测。Yang 等[30]采用多尺度光流直方图（Multi-level Histogram of Optical Flow，MHOF）作为特征，用稀疏编码训练字典，基于训练好的字典，用稀疏重构误差的大小来判别事件是否异常。

3.3 基于社会力模型的异常检测

3.3.1 粒子对流法

在拥挤场景下，背景复杂并且遮挡严重，目标跟踪效果不理想。为了避免目标跟踪，文献［16，70］采用在视频图像上初始化粒子，然后通过对流法获取粒子运动轨迹，来反映目标运动。粒子对流法是用四阶龙格—库塔方法来近似。这种方法，某些场景中的运动粒子可能会形成不可预测的轨迹，导致运动结构信息丢失。为了避免这个情况出现，本书采用文献［65］中的方法进行粒子对流。此方法得到的运动粒子（属于不同的轨迹），能更好地反映复杂场景下的群体运动行为。图3-3（a）是粒子对流法中运动粒子的一个示例。

（a） （b）

图3-3 粒子对流法和互作用力的示例

（a）某一视频图像中属于各自轨迹的运动粒子；

（b）每个粒子的互作用力示意图，箭头越长代表作用力越大

3.3.2 社会力模型介绍

对于人群行为的模拟，国内外学者已经做了很多研究。德国的 Helbing 等人[64,72,73]对人群恐慌行为进行了详细分析，提出了社会力模型（Social Force Model-SFM），模型中考虑了行人流的离散特征，并假设行人流的动态特征是在个体相互之的作用力下产生的。国内浙江大学张晋[75]在博士论

文中，结合混合交通流的特点，提出一种二维行人过街元胞自动机仿真模型，该模型引入"停车点"的概念，不仅能够处理人行横道上行人与行人之间相互冲突问题题，而且能够成功处理行人与其他车辆的冲突和避让，从而模拟了行人各种类利的道路穿越行为。陈涛等人[76]则利用速度对社会心理力的影响，对社会力模型进行修正。

对人群行为的模拟研究大致可以分为宏观模型和微观模型两大类。宏观模型把人看作连续流动介质，利用流体力学的成果，但是忽略了个体的作用和个体的差异。Fruin[77]于 1971 年首先提出了宏观行人仿真模型，该模型主要研究行人的一集合分散特点。宏观模型只能定性描述行人行为，而不能定量描述局部的细节信息。微观模型是基于个体特性的建模，个体行为随着环境发生动态变化，主要有社会力模型[64,72-74]、磁场力学模型[78]等。本章选择微观模型中的礼会力模型对拥挤场景下群体行为事件进行分析。

社会力模型中假设个体运动行为受到三种作用力：行人自己的驱动力（希望作用力）、人与人之间的互作用力和人与障碍物之间的作用力，这 3 部分作用力的合力导致行人运动加速度的改变。自驱动力（自身希望作用力 F_d），是指行人主动给自己附加的内在作用力，通过不断地修正其自身的运动速度和方向，使其朝着自身希望目标运动。互作用力 F_{int}，是指行人受到的来自其他行人的排斥力与吸引力。在固定的场景中，通常可以忽略人与障碍物之间的作用力。简化的社会力模型的公式为

$$m_i \frac{\mathrm{d}V_i}{\mathrm{d}t} = F_i = F_d + F_{int} \tag{3-1}$$

式中：m_i 为 i 的质量；F_d 为自身的希望作用力；F_{int} 为互作用力。

如果行人（个体）在没有周围行人的阻挡和影响情况下，他会按照自己即定的速度行进。F_d 的公式为

$$F_d = \frac{1}{\tau}(V_i^d - V_i) \tag{3-2}$$

式中：V_i^d 为 i 的实际运动速度；时间常量 τ 为控制反馈速度的参数，决定行人根据周围的行人和环境调整自己的速度。原则上 τ 的取值对每个行人都

不同，但是根据文献［72］，在实际应用中，这个参数统一设置。

由于行人会根据周围行人的运动状态来调整自己的运动，因此 V_i^d 可以由如下式子代替：

$$V_i^p = (1 - \eta_i) V_i^d + \eta_i \langle V_i^{\mathrm{avg}} \rangle \tag{3-3}$$

式中：$\langle V_i^{\mathrm{avg}} \rangle$ 表示行人 i 周围的人群的平均速度；η_i 表示行人的聚集程度，$\eta_i \to 0$ 表示行人趋于独立运动，较少考虑周围人群的趋势运动，$\eta_i \to 1$ 表示行人趋于依照周围人群的趋势运动，较少个人独立运动。

在本章算法中，采用互作用力作为衡量群体异常检测的标准。在互作用力的估算中，如何考虑运动一致性、距离和角度影响，在 3.4 节中详细阐述。综上所述，社会力模型中，个体的互作用力可以用下面式子计算：

$$F_{\mathrm{int}} = m_i \frac{\mathrm{d} V_i}{\mathrm{d}t} - \frac{1}{\tau}(V_i^p - V_i) \tag{3-4}$$

3.3.3 全局异常检测

为了对视频帧上的互作用力（Interaction Force）进行建模，在每帧视频图像的所有像素点上取互作用力的幅度，构建和图像分辨率一样大小的互作用力流（Force Flow）。为了提取词袋特征，算法中把视频划分时间成长度为 T 的段，然后从各个位置随机选择大小为 $n \times n \times T$ 块作为视觉词汇（Visual Words），词汇中像素的互作用力不都为 0 的。然后通过 k-means 聚类获得码本（Codebook）。图 3-4 显示了作用力流形成和视觉词汇提取方法。

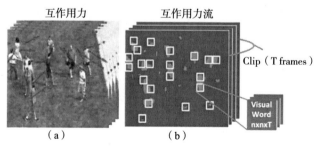

图 3-4　（a）计算得到的互作用力；（b）从互作用力流中取出的视觉词汇

对正常场景中的样本，提取互作用力流，基于码本构建词袋特征 $w = \{w_i\}_{i=1}^M$，然后用 Sparse Topical Coding（STC）[66] 去发掘正常事件的 L 个主题的分布模型。Sparse Topical Coding 已经证明是发掘语义主题的一个有效模型，并在视频运动模型学习中取得好的效果[79]。Sparse Topical Coding 的模型训练函数为

$$f(\theta, \beta) = \sum_{i=1}^M p(w_i \mid \beta, \theta) \qquad (3-5)$$

式中：β 为主题的字典；θ 为样本在主题上的分布。

通过这个训练好的模型，求出测试样本词袋特征的最大似然概率 $\log p(w_i \mid \beta, \theta)$，用基于阈值方法来判断测试样本是否正常。

3.4　互作用力估计

在本节中，详细介绍如何利用运动一致性、距离和视角，更加准确地计算互作用力。

3.4.1　轨迹聚类

聚类算法有种类繁多，有基于划分聚类算法（Partition Clustering）、基于层次聚类算法、基于密度聚类算法、基于网格的聚类算法、基于统计学的聚类算法等。k-means 是一种典型的划分聚类算法，它用一个聚类的中心来代表一个簇，即在迭代过程中选择的聚点不一定是聚类中的一个点，该算法只能处理数值型数据。k-modes 是 k-means 算法的扩展，采用简单匹配方法来度量分类型数据的相似度。而 k-prototypes 结合了 k-means 和 k-modes 两种算法，能够处理混合型数据。在基于层次聚类算法中，CURE 采用抽样技术先对数据集 D 随机抽取样本，再采用分区技术对样本进行分区，然后对每个分区局部聚类，最后对局部聚类进行全局聚类；CHEMALOEN（变色龙算法）首先由数据集构造成一个 k-最近邻图 Gk，再通过一

个图的划分算法将图 Gk 划分成大量的子图，每个子图代表一个初始子簇，最后用一个凝聚的层次聚类算法反复合并子簇，找到真正的结果簇。DB-SCAN 算法是一种典型的基于密度的聚类算法，该算法采用空间索引技术来搜索对象的邻域，引入了"核心对象"和"密度可达"等概念，从核心对象出发，把所有密度可达的对象组成一个簇。在基于网格的聚类算法中，STING 利用网格单元保存数据统计信息，从而实现多分辨率的聚类。AutoClass 是以概率混合模型为基础，利用属性的概率分布来描述聚类，该方法能够处理混合型的数据，但要求各属性相互独立。本算法主要考虑拥挤场景下短轨迹的匹配，结合多种特征，采用谱聚类实现聚类。

粒子组信息在互作用力计算过程中非常重要，在现有的算法中都被忽略。同组内的粒子运动一致，互作用力应该为 0[80]。本书采用谱聚类算法[81]对粒子进行聚类，得到粒子组信息。在拥挤场景下，因为个体的运动都受制与群体运动，局部区域内目标之间的运动可能会非常相似。因此，仅仅利用运动相似性和空间距离[82,83]，对相近的运动目标进行聚类，难以取得很好效果。步态特征[84]在生物识别领域已经证明是区别个体的一种有效特征。

为了得到粒子组信息，本书引入频域步态特征[84]，结合运动信息和空间距离信息，对视频段中的轨迹（同一个粒子视频段内的运动）进行聚类。与文献［84］中一致，本算法也提取轨迹围绕垂直坐标（Y 轴）的周期性运动作为步态特征。在提取某条轨迹的步态特征中，首先用线性回归法给轨迹拟合回归线（图 3-5），然后提取轨迹绕 $y_p(t)$ 的周期信息。本章用 Y_i 代表 $y_p(t)$ 第 i 个元素，N 为所有元素的总和。在获得轨迹周期信息后，采用 64 点快速傅里叶变换（Fast Fourier Transform）计算步态特征的幅度和相位：

$$Y_i = \sum_{k=0}^{N-1} Y_k\, e^{-\frac{2\pi i}{N}k}, \ i = 0,\ 1,\ \cdots,\ N-1 \qquad (3-6)$$

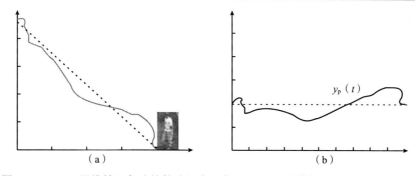

图 3-5　（a）用线性回归法给轨迹拟合回归线；（b）计算轨迹周期性信息 $y_p(t)$

轨迹之间的相似度采用 Dynamic Time Warping（DTW）计算上面公式所求的幅度谱特征所得。

为了进行谱聚类，首先要对每个视频片段构建一个图。图中的每个点代表一条粒子轨迹，点之间的边构造和文献［65］中一样，用德落内三角法[85]（Delaunay Triangulation）方法获得。i 和 j 点间的边都有一个权重，用来代表轨迹之间的相似度（Similarity）。权重根据下面三个信息计算：①步态特征；②空间距离[83]；③运动差异[65]。边的权重为三个权重的乘积：

$$e^{i,j} = e_g^{i,j}\, e_m^{i,j}\, e_p^{i,j} \tag{3-7}$$

式（3-7）的右边式子为基于步态特征的权重 $e_g^{i,j}$、运动差异的权重 $e_m^{i,j}$ 和空间距离的权重 $e_p^{i,j}$。最后通过谱聚类的方法进行聚类，得到粒子组信息。

3.4.2　互作用力计算

个体的期望运动力是它自己希望朝目标运动的速度，但是在拥挤场景中，个体的运动会受周围物体的影响。式（3-3）中，V_i^d 定义为个体的运动速度，$\{V_i^{\mathrm{avg}}\}$ 为周围个体的平均运动速度。通过把组信息、距离和视角考虑进来，按如下公式计算周围个体的平均运动速度：

$$\{V_i^{\mathrm{avg}}\} = \frac{1}{K}\sum_{j=0}^{K-1} f_{ij}(t)\, V_j \tag{3-8}$$

式中：K 为时间 t 时，运动粒子 i 周围的所有运动粒子数目；V_j 为坐标 (x_j, y_j) 处运动粒子 j 的光流速度；$f_{ij}(t)$ 为粒子 j 对 i 的影响因子。考虑到粒子组信息、距离和角度三个因素，影响因子按如下计算：

$$f_{ij}(t) = \omega_{ij}^d \, \omega_{ij}^\varphi \, \omega_{ij}^g \tag{3-9}$$

$$\omega_{ij}^d = - \exp\left(\frac{d_{ij}^2}{2\,\sigma_d^2}\right) \tag{3-10}$$

$$\omega_{ij}^\varphi = \begin{cases} 1, & \Phi_{ij} < \Phi_{\text{view}} \\ 0, & \text{其他} \end{cases} \tag{3-11}$$

$$\omega_{ij}^g = \begin{cases} 0, & i, j \text{ 属于同一粒子组} \\ 1, & \text{其他} \end{cases} \tag{3-12}$$

式中：σ_d 为影响考虑的范围。粒子 j 与粒子 i 距离越近，则对 i 造成的影响就越大。如图 3-6 所示，粒子 P3 对粒子 P1 的影响要比粒子 P6 大，同样粒子 P3 对粒子 P1 的影响要比粒子 P5 大。Φ_{view} 为视角，是当前粒子的运动角度与周围运动粒子的角度差。因为运动目标只能看到他前面的目标，Φ_{view} 控制了运动目标的可见视角。如图 3-6 所示，粒子 P1 对粒子 P6 不会造成影响，同样粒子 P1 对粒子 P5 也不会造成影响，互作用力 0。ω_{ij}^g 则考虑了粒子的组信息，如图 3-6 所示，粒子 P1 和粒子 P2 在同一组内，它们相互之间没有影响。

图3-6　运动粒子：箭头代表运动速度；作用力大小：P1＞P2＞P4＞P3＞P6＞P5

3.5 实验结果与分析

本书在三个国际公认的共用数据集上对所提出的算法有效性进行了测试：University of Minnesota（UMN）❶，PETS2009❷，一个网络数据库[16]。在实验中，所有视频图像都统一缩放为 480×360 分辨率，用 5×5×10 的 3D 窗口提取视觉词汇。所提算法与基于光流的方法（标记为 Optical Flow）和文献［16］中基于社会力模型的方法（标记为 SFM）进行了比较。另外，为了验证粒子聚类在算法中的有效性，在实验中去掉粒子聚类进行了实验（标记为 Proposed-NC），并进行了分析比较。

3.5.1 UMN 数据库实验结果

UMN 数据库由 11 个不同逃串事件的场景组成，分别在 3 个不同的户内和户外场景拍摄。图 3-7（a）为一些场景中代表性事件的例子。数据库中的每个视频都由一段正常事件开始，然后以异常事件结束。这些视频都是拥挤场景下拍摄，里面大概包括 20 个行人活动。

本书根据文献［16］进行实验设置。在粒子对流法中，采用 25% 的图像像素点作为粒子的初始点。从 T 帧图像为段的单元中提取 30 个词汇。为了保证时序上的关联相邻两个段有一帧的重叠图像。采用 STC 模型学习得到 30 个潜在主题，用于对正常事件进行建模。从图 3-7（b）的 ROC 曲线图中可以看出，算法具有很高的性能。

---

❶ mha. cs. umn. edu/movies/crowd-activity-all.avi.

❷ http://ftp. cs. rdg. ac. uk/PETS2009.

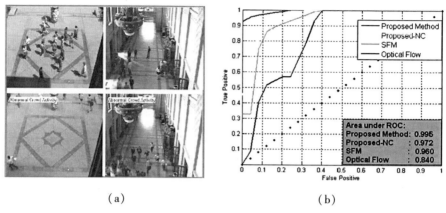

（a）　　　　　　　　　　　　（b）

图 3-7　（a）上面一行为正常事件的例子，下面一行为异常事件的例子；

（b）UMN 数据库异常检测的 ROC 曲线

3.5.2　PETS009 数据集实验结果

本实验采用国际公认的公用数据库 PETS2009 "S3" 的数据进行实验。这个数据和上一个数据不同，正常事件到异常事件过渡很缓慢，导致对异常事件的判断就更加困难。图 3-8（a）为一些场景中代表性事件的例子。在此实验中，采用 30% 的图像像素点作为粒子的初始点。实验从 T 帧图像为段的单元中提取 30 个词汇，为了保证时序性，相邻两个段有一帧的重叠图像。同样采用 STC 模型学习得到 40 个潜在主题，用于对正常事件进行建模。从图 3-8（b）的 ROC 曲线图中可以看出，所提算法比现有最好算法性能要高。

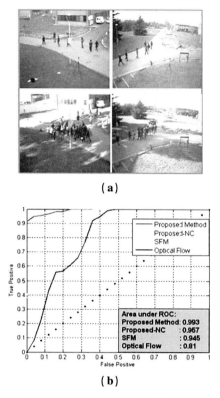

（a）

（b）

图 3-8 （a）上面一行为正常事件的例子，下面一行为异常事件的例子；
（b）PETS 2009 'S3' 数据库异常检测的 ROC 曲线

3.5.3 网络数据集实验结果

为了进一步验证所提算法的有效性，算法在一个更加复杂的网络数据库[16]上进行实验。这个数据库包含 12 个正常场景的视频序列，如行人行走、马拉松等，还有 8 个异常场景的视频序列，如人群打架、逃串等。图 3-9（a）为一些场景中事件的例子。

实验根据文献［16］进行设置。在粒子对流法中，采用 10% 的图像像素点作为粒子的初始点。从 T 帧图像为段的单元中提取 30 个词汇，相邻两个段有一帧的重叠图像。用 STC 模型学习得到 50 个潜在主题。在实验中，所提算法在马拉松等视频上检测失败。但是，总体的性能还是优于现有最好算法性能。实验的 ROC 曲线如图 3-9（b）所示。

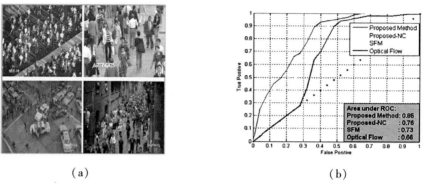

（a）   （b）

图 3-9　（a）上面一行为正常事件的例子，下面一行为异常事件的例子；
（b）网络数据库异常检测的 ROC 曲线

3.6　本章小结

　　基于社会力模型，本章提出了一种利用周围运动目标不同影响力进行加权的互作用力估计算法，在拥挤场景下进行异常事件检测。所提算法充分考虑了运动一致性、距离和视角的影响，能够更准确地估计互作用力。在计算粒子组的信息时，采用了新颖的并有强判别力的频域步态特征，同时结合了运动信息和空间信息，用谱聚类算法进行聚类。实验结果表明，所提算法跟现有的相关算法相比，在拥挤场景下的异常事件检测中具有更好的性能。

第4章 基于鲁棒性稀疏编码的拥挤场景下异常事件检测

　　科学中像制造业一样，更换工具是一种浪费，只有在不得已时才会这么做。危机的意义就在于，它指出更换工具的时代已经到来了。

　　　　　　　　　　　　　　　　——托马斯·库恩（1922—1996）

4.1 引言

　　异常事件检测在视频监控领域具有很高的学术价值和应用价值。最近，越来越多的研究开始关注拥挤场景下的行为建模和异常事件检测。拥挤场景下的行为事件分析是计算机视觉中最有挑战性的问题之一，因为当运动目标密度较大、场景较复杂时，目标的识别和跟踪极大地增加了算法复杂度，而且目标的分割与跟踪也由于遮挡等变得难以实现。事件分析的一个关键问题是检测甚至预测异常行为或事件，找出不符合预期模式的事件。图4-1显示四个异常事件的例子：（a）和（b）为全局的异常事件；（c）和（d）为局部的异常事件。

图4-1 异常事件例子

（a）人群恐慌逃散；（b）人群在街头打架；（c）自行车穿越人行道；

（d）汽车穿越人行道。矩阵阴影方块表示异常事件发生的位置

　　拥挤场景下的异常事件检测在计算机视觉领域已经有比较全面的研究，发展出一些比较完善的模型。由于异常类型种类不可预期，大多数算法[16,17,20,86-88]把异常事件检测作为一个一类问题，基于正常样本训练样本学习概率统计模型，然后计算测试样本与模型的匹配程度，来判定测试样本是否异常。由于高维的特征才能更好地代表事件，这样导致训练数据需要指数级增加，但是在实际中不太可能为概率密度估计提供足够的训练数据。基于稀疏表示的方法比较适于高维数据的问题[30]。最近，Yang 等人[30]采用稀疏编码算法训练字典，然后通过计算测试样本的最小稀疏重构误差，来判别事件是否异常。在事件检测中，正常事件通常可以用稀疏的重构系数产生小的重构误差，但是异常的事件与任何正常的基（字典）不同，它产生稠密的重构系数产生大的重构误差。Zhao 等人[46]采用基于动态稀疏编码的方法，在线更新字典，用于异常事件检测。在拥挤场景中，

由于提取的底层视觉信息（如光流、时空兴趣点等）充满不确定性和噪声。虽然最近的工作[16,30,46,87,88]表明，机器学习和统计等方法可以一定程度地处理噪声和不确定性。但是，现有的拥挤场景下异常事件检测算法中，对噪声问题处理都不够鲁棒。

为了解决上述提到的问题，本章提出了一种新颖的基于稀疏编码框架的拥挤场景下异常事件检测的方法，专门处理特征的噪声和不确定性问题。与现有的工作[30,46]同，所提算法采用非负矩阵分解的方法来学习字典。另外，算法采用鲁棒的 Earth Mover's Distance（EMD）作为距离度量，EMD 距离是在有噪声的直方图比较中广为应用。为了进一步降低噪声的影响，在字典学习中，在权重稀疏上加 $L_{2,1}$ 稀疏约束，保证每个输入特征由字典中的基稀疏构成。矩阵分解可以看作字典学习的一个特例，在矩阵分解中，字典的维度等于或者小于观察数据的维度[89]。由于原始 EMD 算法计算复杂度高，阻碍了它在计算机视觉问题中的应用。为了解决这个问题，本算法中引入了 wavelet EMD[90]，保证算法性能的同时又降低了计算复杂度。另外，wavelet EMD 与所提方法结合还保证了字典学习优化算法的凸性。据我们所知，以前没有工作用非负矩阵分解结合 EMD 距离学习字典，用来做拥挤场景下的异常事件检测。本文算法在四个共用数据集上进行了全面的测试。实验结果表明本书所提算法，可以成功地检测出拥挤场景下的局部异常和全局异常事件，比现有的算法[16,30]性能优异。

4.2　相关工作

异常检测本身就是一个热点研究问题[91]。在异常事件检测工作中，针对拥挤和非拥挤场景，都已经提出过很多方法。在我们的工作中，主要针对拥挤场景进行研究。在拥挤场景中，由于目标间遮挡严重，会极大地降低分割或者跟踪的准确率，导致检测性能下降。另外，拥挤场景下因为目标增多，运算复杂度会大量增加。因此，为了避免采用跟踪算法，目前流行的工作大多数都基于运动信息或者时空兴趣点信息[13,16,17,30,70,92,93]进行异常事件检测。

根据检测的范围不同，拥挤场景下异常事件检测的工作可以大概分为两类：局部异常检测（LAD）和全局异常检测（GAD）[30]。在局部异常检测中，认为局部区域的行为与周围时空区域的行为不同。Kratz and Nishino[13]采用基于分布的隐马尔可夫模型（Hidden Markov Models，HMM），对监控关注的局部区域进行运动模式建模。在检测中，不符合已经训练的HMM模型的运动模式，判为异常。此方法只对具有单一异常行为的场景比较有效。Mahadevan 等人[94]基于混合动态纹理对拥挤场景下的事件进行建模。异常事件检测被定义为一个异常值检测问题，其中时间维度的异常为低概率的事件，空间上的异常为显著区域事件。在文献［95］中，基于 Neyman-Pearson 决策规则（Neyman-Pearson decision rule）的框架，用来检测局部异常，并把那些模式和周围模式相比较为罕见的判为异常。Kim 等人[88]基于混合概率 PCA 的模型对局部区域的光流进行建模，并用马尔科夫随机场（Markov Random Field）加强连贯性。Antic 等人[87]通过建立一系列假设解释视频图像中所有的前景目标，不能解释假设的为异常。Zhao 等人[46]采用动态稀疏编码的方法用于异常事件检测，算法中稀疏编码的基通过在线学习并更新的方法得到，异常的判别基于稀疏重构误差。

对局部异常检测，即使其他某些局部地方是正常的，也可能会被判为异常。Mehran 等[16]采用简化的社会力模型（SFM）[64]用来检测异常事件。SFM 用来计算目标之间的互作用力，用来反映拥挤场景下人群的行为变化。在估算出互作用力流后，基于词袋模型提取特征，采用 Latent Dirichlet Allocation（LDA）[45]训练模型用于异常检测。在检测出异常的视频中，异常发生位置的定位是找出互作用力幅度最大的位置。文献［17］基于运动粒子轨迹，求出混沌不变子，用于一致性和非一致性运动的场景。文献［18］引入流迹线概念，并与粒子对流法结合，能够包含粒子流中的空间变化。文献［19］中引入粒子群优化算法，用于改进社会力模型中互作用力的计算。在这个文章中，异常检测用经验阈值来判断，这种方法过分依赖于特定场景而且阈值选取太随经验而定。Zhu 等人[96]基于社会力模型对事件进行建模。在互作用力的计算中，充分考虑粒子周围的运动一致性，距离和视角的影响，更加准确地提取互作用力。文献［86］的方法中，基于 Linear Trajectory Avoidance（LTA）方法提取目标之间潜在互能量，用来代表目标的行为状态，最后用 SVM 模型训练分类器用来判别异常。

　　本文通过非负矩阵分解（NMF）的方法来学习字典，基于字典的稀疏重构误差，来进行异常事件检测。正常样本可以通过字典进行稀疏重构，并得到很小的重构误差，而异常样本在字典稀疏约束条件下，只能得到大的重构误差。通过非负矩阵分解[97]学习字典，在很多计算机视觉领域的工作中已经被使用[89,98,99]。非负矩阵分解提供了一个完善的框架，用范数约束实现基或者系数矩阵的稀疏性[100,101]。最近，Zen 等人[102,103]在解决复杂场景分析中，采用非负矩阵分解学习字典，用于分析场景中的行为模式。但是，本书的工作与他们不同，所提算法主要考虑拥挤场景下的异常事件检测。另外，为了重构信号时可以稀疏表达，在字典学习中本算法对稀疏矩阵加入了组稀疏约束。本书算法中，引入 wavelet EMD 来加快原始 EMD 运算，并把字典学习时的优化函数转换为一个凸问题，用基于梯度的 Nesterove 方法解决[104]，还可以支持字典的在线更新。

4.3　稀疏表示介绍

　　高维数据的稀疏表示是近年来机器学习和计算机视觉领域的研究热点之一。其基本假设是：自然图像本身为稀疏信号，即当用一组过完备基（Overcomplete Basis）将输入信号线性表达出来时，展开系数可以在满足一定稀疏度的前提下，获得对原始输入信号的良好近似。这种方法在图像去噪、图像复原等方面都取得了巨大的成功。随着研究的深入，研究人员发现，尽管稀疏表示的优化模型是从信号重建的角度来设计的，但其结果在模式识别中都有良好的表现，许多当前最好的分类系统往往都会用稀疏表示作为其关键模块。稀疏表示用于识别，一般称为基于稀疏的识别（Sparse-based Representation Classification，SRC），它实际上是把许多不同类别的对象放入训练集中，当你需要对某个类别位置的对象进行分类的时候，可以用训练集中每个样本的线性组合来描述这个未知类别的对象。并且，对其最合适的描述必然是稀疏的，而大多数项的系数都是为零，或者接近零的数值。SRC算法一般需要先建立一个字典（过完备基）A，然后求解优化问题，重构，计算残差，当残差呈现某一类特别小，而其他类别特别大的时候，显然，该未知类别的对象属于该类。但当残差呈现比较均衡且都很大的情况，就表明测试对象根本不属于训练集中的类别。

字典的质量对于稀疏编码的性能有着非常重要的影响，目前已知的字典形成算法大致可以分为两类。

（1）无学习过程的方法：直接将训练样本作为字典中的基向量，该方法在人脸识别和字符识别中运用广泛。适用于所处理的数据集中，训练样本较少的情况。

（2）有学习的方法：通过专门设计的目标函数利用迭代优化来求解。一般所选取的目标函数都附加体现了一定得先验正则性，以兼顾字典的重建性能和鉴别性能。在场景分类和基于目标的图像分类中运用较多。该方法一般先从所有训练样本中提取若干局部特征，然后根据这些局部特征在稀疏约束下求解一组过完备基，然后再对所有图像的局部特征进行编码，并按照一定规则将局部特征稀疏编码汇总为一个表述图像的全局向量，然后将该向量输入多累SVM分类器进行分类判别。

4.4 EMD

EMD 最初源于最优运输问题，用以测度概率分布的相似性。因为图像区域的很多特征信息都可以用概率分布表示（如光谱、纹理等），EMD 就是一种区域相似性的有效测度，被广泛应用于计算机视觉和模式识别的各个领域，如图像恢复、人脸识别等。EMD 是 cross-bin 类型的距离度量，受如下观察启发得到：两个签名（或者叫分布、特征向量集合），如果有对应局部小的形变要比非局部不同差异要大。欧式距离则属于 bin-to-bin 模式，近些年的研究发现 cross-bin 类型的距离更适合于作为直方图相似性的度量。假定设 b，p 为两个 D 维归一化的直方图，EMD 距离 $D_{\mathrm{EMD}}(b, p)$ 表示如下：

$$\min_{f_{i,j} \geqslant 0} \sum_{i=1}^{D} \sum_{j=1}^{D} d_{i,j} f_{i,j}$$

$$\text{s. t. } \sum_{i=1}^{D} f_{i,j} \leqslant p_j, \quad \sum_{j=1}^{D} f_{i,j} \leqslant b_i \tag{4-1}$$

式中：$f_{i,j}$ 代表 b_i 和 p_j 之间流的大小；$d_{i,j}$ 为 i 和 j 的距离。其中，$d_{i,j}$ 可以为任何类型距离（如 L_1 和 L_2 距离），可以根据应用自由选择。

式（4-1）为线性规划问题，可以通过其稀疏约束的特殊结构进行有效求解[105,106]。但是当数据维数很高的情况下，式（4-1）求解计算量就非常大。对于两个 D 维的直方图，求 EMD 距离的算法复杂度为 $O(D^3 \log D)$。如何加快 EMD 运算，研究者已经做了很多工作[90,105,107-109]。在文献［109］中，Holmes 和 Taylor 采用基于 EMD 的部分签名匹配用来做识别数字乳腺图像。他们把直方图嵌入已经学习好的欧式距离空间，用来加快运算。在文献［108］中，Pele 和 Werman 在 EMD 计算中引入距离阈值，对 EMD 的网络流进行转换，使网络中的边减少了一个数量级，用来加快 EMD 计算。在文献［105］中，Ling 和 Okada 采用 L_1 作为接地距离，他们证明如果点是基于 Manhattan 网络（如图像），那么线性规划问题中的复杂度可以从 $O(D^2)$ 降到 $O(D)$。Indyk 和 Thaper[110] 则利用随机化多尺度把直方图嵌入 L_1 距离平面。多尺度的层次关系通过一系列的随机移动和 bin 之间的动态融合而成，级数用 2 次方来加权，越粗的级权重越高。他们证明，利用 L_1-范在这个空间计算，通过平均所有的移动，等价于 EMD 距离。但是他们没有证明对于单一的随机映射结果以及与原始 EMD 相比误差的上限。

Shirdhonkar 和 Jacobs[90]，提出了另外一种 EMD 的近似算法，算法的框架如图 4-2 所示。作者对 EMD 的对偶规划使用小波变换，并去掉了系数较小的分量。作者证明式（4-1）的优化问题可以通过下面函数接近：

$$d(b, p)_{\text{WEMD}} = \sum_{\beta} \alpha_{\beta} \ WAV_{\beta}(b - p) \ | \qquad (4-2)$$

式中：$WAV_{\beta}(b - p)$ 为 D 向量差 $b - p$ 的所有平移和级数 β 的小波变换系数；α_{β} 为级数决定的权重。根据级数权重和不同的小波核，可以构造不同的距离度量。

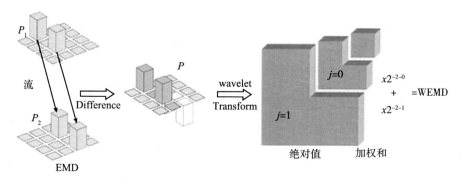

图 4-2　wavelet EMD 流程图

在本章算法中，目的是计算 EMD 的局部最小值，用于优化。根据经验，我们发现原始 EMD 的局部最小值与 wavelet EMD 局部最小值的位置相同，这个特性在所提算法的优化函数中非常重要，因为算法的每步迭代就是求局部最小值。wavelet EMD 是原始 EMD 的一个有效近似，其算法复杂度根据直方图维度线性增长，极大地降低了运算复杂度并与原始 EMD 保持了相近的性能。

4.5　本书算法

4.5.1　概览

基于稀疏编码，本书提出了一种新颖的拥挤场景下异常事件检测算法，可以用来做检测全局和局部异常。算法的框架如图 4-3 所示。首先，根据全局检测或局部异常检测，选取时空基类型，特征向量则由基中每个局部块的 Multi-scale Histogram of Optical Flow（MHOF）串联而成，如图4-4（a）所示。然后，算法采用非负矩阵分解来学习字典，字典学习时对权重矩阵加组稀疏约束。考虑到拥挤场景下提取的特征有噪声，所提算法采用鲁棒的 EMD 作为距离度量。另外，算法中采用基于小波变换的 wavelet EMD，不仅减少了 EMD 的运算复杂度，而且与优化算法结合，保证了优化函数的凸性，这也是所提算法的核心。在得到字典后，对测试数据计算最佳重构系数，基于重构系数计算重构误差，来判断测试数据是否异常。

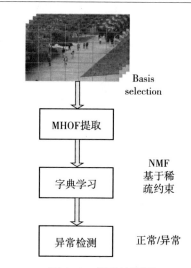

图 4-3 算法流程图

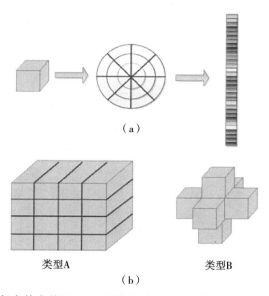

图 4-4 （a）从每个基本单元（2D 图像块或 3D 图像块）中提取 MHOF 信息（24 bins）；（b）采用灵活的时空基，把基中所有块的 MHOF 特征串联形成最终特征。类型 A 基用于全局异常检测，类型 B 基用于局部异常检测

4.5.2　特征提取

本书采用 Multi-scale Histogram of Optical Flow（MHOF）作为特征描述子。为了更加精确保留运动信息和运动能量信息，算法的 MHOF 采用 3 个级别 $K = 24$ 维，如图 4-4（a）所示。第一个级别采用前 8 维，代表运动能量 $r \leqslant T_1$ 的 8 个方向，第二个级别采用第二个 8 维，代表运动能量 $T_1 < r \leqslant T_2$ 的 8 个方向，第三个级别采用最后 8 维，代表运动能量 $r > T_2$ 的 8 个方向。MHOF 不仅能跟传统光流直方图一样描述运动信息，还能保留光流的能量信息。所提算法采用文献［111］的方法计算光流信息，并把光流中幅度特别大的和特别小的作为噪声过滤掉。视频图像被划分成 2D 块或 3D 块作为基本单元，从每个基本单元中提取 MHOF。

为了能够检测全局异常（LAD）和局部异常（GAD），算法采用两种具有不同结构的时空基，如图 4-4（b）所示。在全局异常检测中，采用类型 A（Type A）基涵盖整个图像，可以包括所有信息。在局部异常检测中，采用类型 B（Type B）基，可以包括目标周围的时空上下文信息。基的种类可以灵活变化，根据不同场景的需求，把不同数量的单元包括到基里面来。

4.5.3　基于 EMD 距离稀疏矩阵分解

在本节中，将详细阐述如何通过非负矩阵分解学习字典。假设给定训练样本特征集 $B = \{b_1, b_2, \cdots, b_N\} \in R^{M \times N}$，其中每个列向量 $b_i \in R^M$ 为一个正常事件的特征向量。算法的目标是学习一组基（字典）$P = \{p_1, p_2, \cdots, p_K\} \in R^{M \times K}$（$K \geqslant N$）和权重系数矩阵 $W = \{w_1, wp_2, \cdots, w_N\}$，$w_i \in R^K$，使 B 可以被 P 基于 Earth Mover's Distance 距离很好地重构，公式表达如下：

$$\min_{P, W \geqslant 0} \| B - PW \|_{EMD}$$

$$s.t.\ P \geqslant 0,\ W \geqslant 0 \tag{4-3}$$

这里，两个由 N 个列向量组成的矩阵的 EMD，定义为单个列向量和另一矩阵对应的列向量的 EMD 距离之和：

$$\|\boldsymbol{B} - \boldsymbol{PW}\|_{\text{EMD}} = \sum_{i=1}^{N} \text{EMD}\left(b_i, \sum_k w_i^k p_k\right) \tag{4-4}$$

在本书中，学习到的字典用来给测试数据提供稀疏表示。由于稀疏表示非常重要，在学习字典过程中，考虑对权重系数 $\boldsymbol{W}$ 加上稀疏限制。L_0 -范经常用来做稀疏测量，在实际中为了便于优化，用 L_1 -范取代。采用 L_1 -范对非负矩阵分解加约束限制，可以用如下公式解决：

$$\min_{P, W} \|\boldsymbol{B} - \boldsymbol{PW}\|_{\text{EMD}} + \lambda \|\boldsymbol{W}\|_1 \tag{4-5}$$

式（4-5）的第二项就是稀疏约束项。在重构事件时做稀疏约束是必要的，因为字典学习到的基 $\boldsymbol{P}$ 是用来对样本特征的权重系数矩阵最大稀疏化。对于异常事件，虽然它可能得到很小的重构误差，但是很可能重构时用到了很多视频片段，导致权重系数矩阵稠密。另外需要考虑稀疏的一致性问题，如权重系数矩阵应该包含一些 "0" 的列向量，使基 $\boldsymbol{P}$ 中有的向量不用于重构。因此，在式（4-5）把 L_1 -范变为 L_2 -范。问题可以按如下公式表式：

$$\min_{P, W} \|\boldsymbol{B} - \boldsymbol{PW}\|_{\text{EMD}} + \lambda \|\boldsymbol{W}\|_{2,1} \tag{4-6}$$

EMD 的问题是计算复杂度非常高，这限制了它在许多计算机视觉问题中应用。为了解决这个问题，在算法中引入了基于小波变换的近似 EMD[90]（标记为 wavelet EMD）。基于小波变换的 EMD 除了加快运算速度，还可以把字典学习中的优化函数转换为凸优化问题。把式（4-2）中原始 EMD 用 wavelet EMD 代替，得到如下优化函数：

$$\min_{P, W} \sum_{\beta} \alpha_{\beta} |\text{WAV}_{\beta}(\boldsymbol{B} - \boldsymbol{PW})| + \lambda \|\boldsymbol{W}\|_{2,1} \tag{4-7}$$

下面介绍如何求解式（4-7）问题。这是一个非凸的优化问题，但是如果先固定其中一个矩阵 $\boldsymbol{P}$ 或 $\boldsymbol{W}$，那函数就变成一个线性问题。因此，通过连续交替地固定 $\boldsymbol{P}$ 或 $\boldsymbol{W}$，可以用如下算法解决优化函数：

在算法 Algorithm 1 的每步迭代求 $\boldsymbol{P}^k$ 和 $\boldsymbol{W}^k$ 如下：

$$\begin{cases} P^k = \min_{P} \sum_{\beta} \alpha_{\beta} \mid WAV_{\beta}(B - P W^{k-1}) \mid \\ W^k = \min_{W} \sum_{\beta} \alpha_{\beta} \mid WAV_{\beta}(B - P^k W) \mid + \lambda \parallel W \parallel_{2,1} \end{cases} \quad (4-8)$$

可以通过基于梯度下降的办法求解式（4-8）中 P 和 W 中的最小值。每个单个函数都是凸的，可以保证找到全局最优值。

Algorithm 1 稀疏 EMD 矩阵分解

输入：目标矩阵 $B \epsilon R^{M \times N}$，初始化基 $P^0 \epsilon R^{M \times K}$

$i = 0$

重复

$i = i + 1$

固定 W 用式（4-8）求解 P^i

固定 P 用式（4-8）求解 W^i

直到收敛

输出：P^i 和 W^i

考虑一个目标函数 $f(x) + g(x)$，其中 $f(x)$ 和 $g(x)$ 都是凸函数但都不光滑。Nesterove's 方法[104]的关键技术就是用 $p_{Z,L}(x) = f(Z) + < \nabla f(Z),$ $x - Z > + \dfrac{L}{2} \parallel x - Z \parallel^2_F + g(Z)$ 来近似原函数 $f(x)$ 在 Z 点的值。在每步迭代中，需求解 $\min_{x} p_{Z,L}(x)$。

在所提算法中，定义 $f(x) = \parallel B - PW \parallel_{EMD}$，$g(x) = \lambda \parallel W \parallel_{2,1}$。在 $f(x)$ 使用 wavelet EMD 式（4-2），使用算法复杂度降到了线性。但是，基于梯度的方法需要求解优化变量的梯度。在线性规划中，梯度可以通过对偶方法求解；因此，它是 EMD 计算的一个副产品。但是，在 wavelet EMD 中，梯度信息得单独求解。假设 $h^s = B_m$ 和 $h^t = (PW)_m$，梯度公式如下：

$$d(h^s, h^t)_{WEMD} = \sum_{\beta} \alpha_{\beta} \mid WAV_{\beta}(h^s - h^t) \mid \nabla WAV_{\beta}(h^s) \quad (4-9)$$

式中：$\nabla WAV_{\beta}(h^s)$ 对 h^s 和 h^t 的求导比较烦琐，但是比较明确。根据下面的理论，可以得到如下的近似求解：

$$\sum_X p_{Z,L}(X) = D_{\lambda/L}\left(Z - \frac{1}{L}\nabla f(Z)\right) \tag{4-10}$$

式中：$\nabla f(Z)$ 在式（4-9）中定义，$D_\tau(.): M \in R^{k \times k} \to N \in R^{k \times k}$

$$N_{i.} = \begin{cases} 0, & \|M_{i.}\| \leqslant \tau \\ (1 - \tau/\|M_{i.}\|)\|M_{i.}\|, & \text{其他} \end{cases} \tag{4-11}$$

4.5.4 异常检测

在学习到字典 P 后，介绍如何判别一个测试样本 y 是否正常。如前面所述，正常样本的特征可以由字典 P 中的少量基线性构成。现在，把稀疏表示问题如下表达：

$$w^* = \min_w \|y - Pw\|_{EMD} + \lambda \|W\|_1 \tag{4-12}$$

这个公式可以通过上节中基于梯度的优化算法求解。字典学习中，W 采用 $L_{2,1}$-范。在异常检测中，W 则采用 L_1-范。L_1-范其实为 $L_{2,1}$-范的一个特例，如果 W 为一个向量，那么 $\|W\|_{2,1} = \|W\|_1$。

在求解得到最优的重构权重向量 w^* 后，可以按如下公式系数重构误差（SRC）[30]：

$$S(y, w^*, P) = \min_w \|y - Pw^*\|_{EMD} + \lambda \|w^*\|_1 \tag{4-13}$$

高的 SRC 表明重构误差很高，也意味着测试样本为异常的概率很高。事实上，SRC 函数可以等价映射到贝叶斯决策的框架中，如工作[112]。在所提算法中，如果满足下面的标准，测试样本 y 将被判为异常：

$$S(y, w^*, P) > \varepsilon \tag{4-14}$$

式中：ε 为用户定义的阈值，用来控制异常检测算法的灵敏度。异常检测总体的算法流程如 Algorithm 2 所示。

Algorithm 2 异常检测框架

输入　训练字典 P，测试样本 $Y\epsilon\left[y^1 y^2, \cdots, y^N\right]$

for $i = 1, \cdots, N$ do

用 $l_{1\_}$ 范求解最佳重构系数

$w^* = \min_w \|y - Pw\|\text{EMD} + \lambda\|w\|1$

用式（4-13）计算重构误差，判断是否异常

如 y 为正常事件，那么

更新字典

end for

输出：异常事件样本

4.6　实验结果与分析

本书在四个公用数据集上验证所提算法的有效性：用 University of Minnesota（UMN）❶ 和网络数据库[16] 来验证全局异常检测性能；用 UCSD Ped1 数据库[94] 和 Subway dataset[20] 来验证局部异常检测性能。在 wavelet EMD 中，采用标准的 Mallat 反投影算法[113] 计算小波变换。另外，采用基于平均 false positive 和 false positive 的 ROC 曲线，来评价实验的性能。

4.6.1　全局异常检测

在全局异常检测实验中，两个数据库中的所有视频都统一缩放到 480×360 分辨率。图 4-4（b）中类型 A 基选择用来做全局异常检测。所提算法与基于纯光流的方法（标记为 Optical Flow），基于社会力模型的方法[16]（标记为 SFM），还有基于稀疏编码的方法[30]（标记为 SRC）进行比较。

---

❶ mha. cs. umn. edu/movies/crowd-activity-all. avi.

1. UMN 数据库

UMN 数据库由 11 个不同逃窜事件的情景组成，在 3 个不同的户内和户外场景拍摄，视频总共有 7740 帧。图 4-5（a）为一些场景中事件的例子。每个视频都由以正常事件开始，然后以异常事件结束。这些监控视频都是在拥挤场景下拍摄，视频中大概有 20 个行人活动。

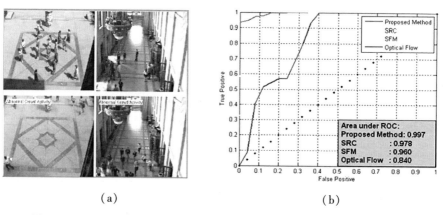

（a）   （b）

图 4-5   （a）上面一行为正常事件的例子，下面一行为异常事件的例子；

（b）UMN 数据库异常检测的 ROC 曲线

实验根据文献［30］进行设置。利用场景中的前 400 帧学习字典，剩下的当测试数据。视频画面划分为 4×5 个同等大小的局部区域，从每个局部区域中提取 MHOF 特征，最后把所有的特征串联起来形成一个 $m=480$ 维的特征向量。因为视频中异常事件是个渐变的过程，所以算法对数据做了时间轴上的平滑。图 4-5（b）为实验的详细结果，其中 SFM、Optical Flow 和 SRC 实验室数据时从文献［16，30］中所得。从图 4-5（b）的 ROC 曲线可以得出，所提算法要优于现有的最好算法。在 UMN 数据库实验中，异常检测失败主要发生在一些视频结束部分。

2. 网络数据库

为了进一步验证算法的有效性，本节在一个更加复杂的网络数据库[16]上进行实验。这个数据库包含 12 个正常场景的视频序列，如行人行走、马

拉松等，还包含 8 个异常场景的视频序列，如人群打架、逃窜等。图 4-6
（a）为一些场景中事件的例子。

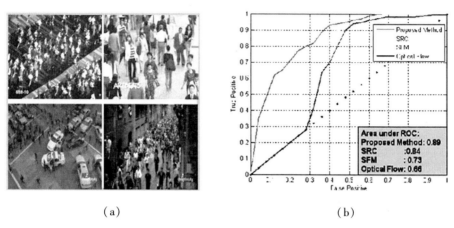

（a）　　　　　　　　　　　　（b）

图 4-6　（a）上面一行，正常事件的例子；下面一行，异常事件的例子；

（b）网络数据库异常检测的 ROC 曲线

实验的设置与上一节相似，视频画面划分为 4×5 个同等大小的局部区
域，从每个局部区域中提取 MHOF 特征，最后把所有的特征串联起来形成
一个 $m=480$ 维的特征向量。在学习字典时，随机从正常视频中剔除 2 个视
频，其余的用来训练。在测试时，把剔除的 2 个视频加到测试数据中。这
个过程重复 10 次，把这 10 次平均的 ROC 作为实验的最终结果。在算法实
验中，马拉松视频中部分片段错误地判断为异常数据，如图 4-6（a）所
示。但是，从图 4-6（b）的 ROC 曲线可以看出，本书的算法比现有的最
优算法性能都要好。

4.6.2　局部异常检测

为了测试局部异常检测的性能，采用基于像素级的基准数据（Ground-
truth）进行测试。如果有多于 40% 异常像素检测正确，就认为这帧检测正
确，否则就认为是误检。对每个场景，首先提取感兴趣区域 ROI（Region

of Interest)，如图4-7所示，对感兴趣的区域的每个空间位置，训练一个字典，用于异常检测。

图4-7　UCSD Ped1数据集的感兴趣区域（ROI）

1. UCSD Ped1 dataset

这个视频序列由一部静止的低分辨率摄像行人得到。视频拥挤程度随时间变化，有的时间非常拥挤，目标间遮挡很严重。异常事件是自然发生的事件，但是在场景中异常，如人行道上有汽车、自行车或者滑冰。Ped1（分辨率158×238）包含34个正常事件组成的训练视频和36个包含异常事件组成的训练视频。算法把视频图像分成15×15的2D图像块，相邻块之间有7个像素重叠。选取这个大小的图像块，因为这样它就不会包含太多目标，导致互相影响。为了考虑周围时空上下文信息，图4-4（b）中类型B基选择用来做局部异常检测，这样最后的特征向量维度为7×24＝168维。为了消除噪声，先对数据做时空域上的平滑。

本书同文献［88］尔科夫随机场的方法（标记为MPPCA），基于社会力模型的方法[16]（标记为SFM）、基于稀疏编码的方法[30]（标记为SRC）和文献［94］中MDT这些方法进行比较。EER为Equal Error Rate，RD为Rate of Detection。图4-8为这个场景中的一些包含异常事件的代表性图像。所提算法能成功检测出不同类型的异常，如汽车、自行车和滑冰等。表4-1为实验结果数据。

表 4-1 本书算法与其他算法在 UCSD Ped1 上的定量比较

Method	EER	RD
MPPCA[94]	40%	18%
SFM[94]	31%	21%
SRC[30]	19%	46%
MDT[94]	25%	45%
Ours	15%	53%

图 4-8 UCSD Ped1 数据库上的异常检测（异常目标如汽车、自行车和
滑冰都检测成功。矩阵阴影方块为异常发生处）

2. 地铁数据库

地铁数据库由 Adam 等人 [20] 提供，在实验中，采用入口（Entrance Gate）数据（分辨率 512×384），长度为 1h36min，总共 144249 帧图像。实验中，所有视频图像都统一缩放到 320×240 分辨率，采用 15×15 的 2D 图像块，相邻块之间有 7 个像素重叠。视频的前 15min 用来训练字典，图 4-4（b）中类型 B 基选择用来做局部异常检测，这样最后的特征向量维度为 $m = 7 \times 24 = 168$。

本书同文献 [20] 中的方法（标记为 Adam）和基于稀疏编码的方法[30]（标记为 SRC）进行比较。图 4-9 为这个场景中的一些包含异常事件的代表性图像。除了行人错误行走方向能被检测出来，没买票的事件也能成功检测，没买票事件和检票进入非常像。表4-2为实验结果数据，从里面可以看出所提算法能成功检测出所有错误行走方向事件，在没买票事件上也有更高准确率，另外假警报（False Alarm）也比其他方法要少。

表4-2　本书与其他算法在地铁入口数据上的定量比较

Method	Wrong Direction	No-Pay	Total	False Alarm
Ground truth[30]	21	10	31	—
Adam[30]	17	—	17	4
SRC[30]	21	6	27	4
Ours	21	8	29	2

图4-9　地铁入口数据异常检测（左列为错误方向异常事件，右列为没买票异常事件；矩阵阴影方块表示异常事件发生的位置）

时间复杂度：本节所有实验的运行环境为3GB内存，主频为3.1GHz。全局异常检测的平均运行时间为1.2s/帧，UCSD数据库上的局部异常检测平均运行时间为 4.6s/帧，地铁数据库上的局部异常检测平均运行时间为 5.1s/帧。

4.7　本章小结

本章提出了一种拥挤场景下新颖的异常事件检测算法。算法中，采用非负矩阵分解进行字典学习。为了解决拥挤场景下的特征：不确定性和噪声问题，算法采用 EMD 来取代 L_ 2 距离作为距离度量。另外为了降低原始 EMD 的运算复杂度，算法采用了 wavelet EMD 来近似原始 EMD，并把它融合到字典学习的优化函数中，保证了优化函数的凸性。通过采用了两种不同的时空基，算法可以分别用来检测全局和局部的异常事件。实验结果表明，所提算法在拥挤场景下局部异常事件检测中，具有较好的性能。另外通过在线更新字典，所提算法能支持在线的异常检测，这是下一步研究工作的重点。

第5章　基于关键观测点选择的视频浓缩

在科学领域，我们探索真理的方法是：根据事实来设计实验，修改它们，然后再进行更多的实验。

——欧文·贾尼斯（1918—1990）

5.1　引言

随着视频监控的发展，遍布大街小巷的监控摄像头实时录制了海量的视频数据。然而，这些海量视频数据的查找、分析工作常常会耗用大量的时间和人力。例如，2012 年 1 月 6 日上午发生在南京的银行枪击杀人抢劫案，警方为尽快锁定劫匪在南京的活动轨迹，动用了 500 多民警 24h 不间断工作，对上万小时的视频断进行逐一鉴别，终于找到了两段共 14s 有用视频，为警方破案提供了宝贵的线索。由此可见，如何忽略监控视频中大量的无用信息而快速检索到感兴趣的信息，是当前视频监控一项重要的研究课题。

视频摘要（Video Summarization）技术利用计算机视觉等相关理论和方法，对一段长时间视频文件的内容进行分析和处理，提取用户感兴趣的信息，生成一个压缩的又能代表原始文件信息的视频文件。视频摘要可极大程度地节省存储空间，同时保留原始视频的关键内容，可方便地实现对视频事件的快速浏览和检索。视频摘要技术可以分为基于关键帧的视频摘要（静态视频摘要技术）和基于目标运动信息的视频摘要（动态视频摘要技术）方法两类。静态图像摘要又称静止图像摘要、静止故事板。它是从原始视频中剪取或生成的一小部分静止图像的集合，这些代表了原始视频的图像称为关键帧（Key Frame）。因此生成静态图像摘要的主要任务就是准确、高效地生成这些关键帧。动态视频摘要又称为运动图像摘要、活动故事板。它由一些图像序列以及对应的音频组成，它本身就是一个视频片断，只不过要短得多。一般来说，生成动态视频摘要的任务包括图像、声音的分析过程。

文献［51］基于关键帧的动态视频摘要工作中，作者选取用户定义的感兴趣帧作为关键帧，基于关键帧自适应调整视频播放速度（Adaptive Fast-forward）。基于关键帧的视频摘要[114-117]，虽然极大地压缩了视频，但是它丢失了视频的动态变化过程。视频缩略[52,118]为能保留一定视频动态特征的视频摘要。视频缩略技术从原始视频中提取关键视频片段，然后将这些片段利用淡入淡出等效果链接起来形成视频摘要。这种方法虽然在一定程度上保留了视频的动态变化过程，但是舍弃的视频段中，可能包含重要信息。A. M. Smith 等人[52]将视频中信息贫乏的段节舍弃，而利用信息丰富的视频段拼接形成新的视频（Video Skimming），输出视频类似电影预告片的效果。

以色列希伯来大学的 A. Rav-Acha 等人[58]提出了一种基于目标运动信息的视频浓缩（Video Synopsis）技术。在此工作基础上，S. Feng 等人[62]又提出了在线视频浓缩技术。视频浓缩[1,58-60,62]打破了传统视频摘要体系，通过优化算法对运动目标的时间上进行改变，保留了运动目标的空间位置，使得浓缩后的视频在时间一致性和空间一致性上的能量损耗最小。视频浓缩不仅消除原视频中时间和空间上的冗余，保留视频的动态变化过程，还能极大地压缩原视频长度。但是，现有的视频浓缩算法，虽然解决了时间和空间上的冗余，却忽略了内容上的冗余。在视频浓缩中，太多目标观测点，容易降低视频浓缩的压缩率和使浓缩视频更加杂乱。

　　本章提出了一种基于关键观测目标选择的视频浓缩方法。输入图像中首先出现一个男人行人行走的片段，经过一段没有运动对象的空闲时间后，出现一个女人，男人和女人在视频中出现在不同的时间，但通过将男人和女人在同一段视频中同时展现的方法可以形成一段比较紧凑的浓缩视频，如图 5-1 所示。在本书章中，属于同一目标的完整运动行为，称为对象序列（Tube）。每个对象序列，包含很多按时序排列组成的观测点，每个观测点为一个前景区域，太多的观测点容易造成内容冗余和目标之间的重叠，如图 5-1（a）所示。本书算法中，通过数据驱动方式自适应选择关键观测点，组成新的对象序列，用于代表原始对象序列。基于关键目标选择的浓缩视频，压缩率更高而且主观视觉更好，如图 5-1（b）所示。本算法主要贡献有：①采用一个新颖多核相似度来自适应选择关键观测点；②基于观测点选择，改进了视频浓缩能量损失函数；③基于观测点选择的视频浓缩，减少了内容上的冗余，使浓缩视频压缩率更高、主观效果更好。

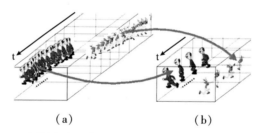

（a）　　　　　　　　　　　　　（b）

图 5-1　　（a）原始视频目标序列；（b）基于关键目标选择的浓缩视频

5.2　基于运动目标的视频浓缩介绍

　　A. Rav-Acha 等人[58]将物体运动事件以空间—时间立方体的形式描述，期望的浓缩视频（摘要视频）需要处理如下三种典型情况（图 5-2）：两个在时间和空间上不重叠的运动事件重排到同一时间间隔内；一个持续时间很长的运动事件沿时间轴分割成数段在同一时间间隔显示；相互影响的运动事件在不使浓缩视频混淆的前提下压缩到较短的时间间隔显示。视频浓缩被看成是解决由原视频 $I(x, y, t)$ 到浓缩视频 $S(x, y, t)$ 的映射 M 的问题，浓缩视频中应保留尽可能多的运动信息并在视觉上是无缝连接的，因而损失函数可定义为动态信息损失和连续性损失。浓缩视频中的每个像素对应图中的一个节点，它具有 x-axis、y-axis 和 t-axis 三个自由度，这样优化问题就可以在典型的 3D MRF 模型下操作，加入适当的约束可以简化 3D MRF 模型。

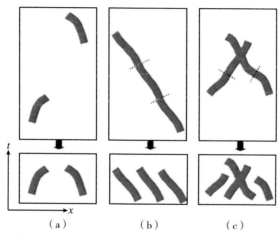

（a）　　　　　　（b）　　　　　　（c）

图 5-2　视频浓缩定义的运动事件重排：第一行为原视频中运动事件的描述，第二行为对应的总结视频中运动事件的描述（此图源于文献［1］）

以上方法直接从原视频得到浓缩视频，但优化过程复杂，而且损失函数的定义不够直观，难以解释。基于运动物体检测和分割的框架随之被提出，以运动物体作为处理对象，高层（High-level）的损失函数更具有意义，算法框架如图 5-3 所示。在目标和背景提取工作之后，运动目标以对象序列的形式存储。Pritch 等人[1,59,60]首先实现了基于运动目标的视频浓缩，他们定义了三个更为合理损耗函数，使原视频中的运动事件相互关系（如时序关系）以及运动事件与背景的对应关系如何更有效地反映在最后的浓缩视频中。算法中定义的三个能量损耗为：运动目标丢失损耗 E_a、时

间乱序损耗 E_t、观测点之间的遮挡损耗 E_c。在提取基于运动目标的对象序列之后，通过模拟退火法优化损耗函数，使能量损耗最小，得到最佳排列。

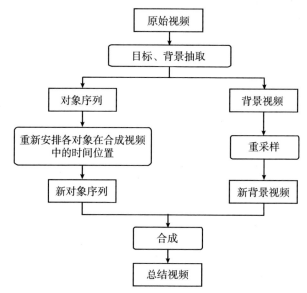

图 5-3 基于对象序列的视频浓缩算法框架示意

5.3 对象序列提取

本算法采用混合高斯模型提取背景提取，然后用背景分割法[119]提取目标前景。假设当前帧图像为 I、背景图像为 B，集合 V 表示 I 中的所有像素点，集合 N 表示集合 I 中点的所有邻接点对（4 连接或者 8 连接）。前景目标分割问题可以转换为一个二值标记问题，标号函数 f 定义了从集合 V 到集合 $\{0, 1\}$ 的映射。即对于集合 V 中任意一点 r，$f_r = 1$ 表示判断点 r 为前景，$f_r = 0$ 则表示判断点 r 为背景。标定函数 f 可以通过最小化 Gibbs 能量获得：

$$E(f) = \sum_{r \in V} E_1(f_r) + \sum_{(r, s) \in N} E_2(f_r, f_2) \qquad (5-1)$$

式中：$E_1(f_r)$ 为颜色项（数据代价项目），$\displaystyle\sum_{(r,\ s)\in N} E_2(f_r,\ f_2)$ 为邻接点 r 与 s 的对比项（前景和背景标签不光滑代价项），λ 为为用户自定义的权重。

对于颜色项 $E_1(f_r)$，首先定义 $d_r = \| I(r) - B(r) \|$ 表示当前帧图像 I 与当前背景图像 B 的颜色差值。则将图像上一点 r 判断为前景（$f_r = 1$）和背景（$f_r = 0$）的代价分别定义为

$$E_1(1) = \begin{cases} 0, & d_r > k_1 \\ k_1 - d_r, & d_r \leqslant k_1 \end{cases} \tag{5-2}$$

$$E_1(0) = \begin{cases} \infty, & d_r > d_2 \\ d_r - k_1, & k_1 < d_r \leqslant k_2 \\ 0, & d_r \leqslant k_1 \end{cases} \tag{5-3}$$

式中：k_1 和 k_2 为用户自定义的阈值。在本实验中，设置 $k_1 = 30/255$，$k_2 = 60/255$。

对比项 $E_2(f_r, f_2)$ 定义为

$$E_2(f_r, f_2) = |f_r - f_2| \exp(-\beta\, d_{rs}) \tag{5-4}$$

式中：β 为权重因子；$d_{rs} = \| I(r) - I(s) \|$ 为颜色差值，即图像对比度。最后用文献[120]中图匹配跟踪算法，对提取的前景目标进行跟踪，得到对象序列。

5.4　关键观测点选择

现有的视频浓缩算法，都注重解决时间和空间上的冗余，但都忽略了内容上的冗余。同一目标在视频中完整的运动（对象序列），有非常多的观测点，而相邻的观测点，通常具有相似的行为和外观。所提算法在目标完整运动序列（对象序列）中，选择一些关键观测点，用来代表原始对象序列。文献［121］的静态图叙述工作中，采用了空间一致性、外观和运动三个方面的准则，来选取预先设定数量的关键观测点，最后在背景图中进行展示，如图 5-4 所示。可以看出，由关键观测点组成的新对象序列，

可以很好地代表原始的对象序列。

图5-4　关键观测点组成的新对象序列在单一背景图上进行展示

在文献［122］视频摘要工作中，通过聚类的方式选取固定数目的关键测点。但是，即使在同一固定场景中，不同的目标运动方式不一样，关键点的数量也不能提前确定。为了解决这个问题，在本书算法中，采用数据驱动的方法来自适应选取关键观测点。对每个目标的对象序列中的观测点进行选择，用来代表原始视频中的运动行为。关键观测点选择的准则是选择有明显行为和外观变化的观测点。本节采用与文献［59］一定的定义，每个对象序列为一个 时间序列 $[t_b^s, t_b^e]$（时间轴为帧），观测点为序列中的每个点，表示为 $[t_b^s, t_b^{(s+1)}, \cdots, t_b^{(e-1)}, t_b^e]$ 。

用 O_i 和 O_j 代表对象序列中的两个不同观测点。本书采用基于多核相似度的方法来选取关键观测点，核的构造如下：

距离核——这个核用来度量两个观测点的距离，在图的谱聚类中广泛应用，定义如下：

$$D_p(O_i, O_j) = \exp(-\mathrm{dist}(O_i, O_j)^2 / \sigma_p^2) \qquad (5-5)$$

式中：$\mathrm{dist}(O_i, O_j)$ 可以选择普通的 L_1 欧几里得距离来测量两个观测点中心的 x 坐标。

运动核-如果两个观测点运动方向一致，则运动空间上也一致，定义如下：

$$D_m(O_i, O_j) = \exp(-\sin(\theta(O_i, O_j))^2 / \sigma_m^2) \qquad (5-6)$$

式中：$\theta(O_i, O_j)$ 测量两个观测点运动方向的角度。

外观核——度量观测点之间外观的差异，定义如下：

$$D_a(O_i, O_j) = \exp(-KL(h(O_i), h(O_j))^2 / \sigma_a^2) \tag{5-7}$$

式中：$KL(h(O_i), h(O_j))$ 为两个观测点在 HSV 颜色空间的直方图的 KL 距离。

如何结合使用多核问题，在机器学习领域有很多种方法。在所提算法中，采用简单的线性加权的方法来组合这三个核：

$$SIM(O_i, O_j) = \lambda_1 D_p(O_i, O_j) + \lambda_2 D_m(O_i, O_j) + \lambda_3 D_a(O_i, O_j)$$

$$\tag{5-8}$$

式中：$SIM(O_i, O_j)$ 为关键观测点选择标准；λ_1、λ_2 和 λ_3（$\lambda_1 + \lambda_2 + \lambda_3 = 1$，$\lambda_1$，$\lambda_2$，$\lambda_3 > 0$）为 3 个权重系数，可以在场景的真实标注数据上学习得到。运动目标刚进入场景和离开场景的点选为开始和结束的关键点。然后通过 $SIM(O_k^{last_k}, O_k^i)$ 距离计算第 k 个观测点与前一个关键目标观测点，如果大于一定阈值，就选择第 k 个观测点为当前关键观测点。把对象序列中的关键观测点标记为 1，非关键观测点标记为 0。然后把标记为 1 的关键观测取出组成新的连续时间的对象序列，用来代表原始对象序列。具体算法参见 Algorithm 3。

Algorithm 3 对象序列中关键观测点选择

输入：N，对象序列的数量

输出：N 由关键观测点组成的新对象序列 $tnew$

数据：$[t_1^8, t_1^{(8+1)}, \cdots, t_1^e]$，$\cdots$，$[t_N^8, t_1^{(8+1)}, \cdots, t_N^e]$；$T-F$，相似度阈值。

for$k = 1$；$k < N+1$；$k++$do

t_1^8，$y(k, s) \leftarrow 1$，$tnew_1^8 = t_1^1$

t_1^e，$y(k, e) \leftarrow 1$

$p = 1$

for$i = s+1$；$i < e$；$i++$do

t_1^i，$y(k, i) \leftarrow 0$

if$SIM(O_k^{last_k}, O_k^i) < T\_F$ then

$y(k, i) \leftarrow 1$；$last_k \leftarrow i$

Algorithm 3 对象序列中关键观测点选择

$tnew^{(8+p)}{}_1 = t_1^i, \quad p++$

    end if

end for

    end for

5.5 视频浓缩优化算法

与文献[1,60]中所述方法一样，本书算法中也引入了遮挡损耗和时间乱序损耗。另外，把关键目标选择和视频浓缩算法结合，寻找最佳的时间排序 M 和关键目标选择中的相似度 T_ F，使视频浓缩造成的能量损耗最小。

视频浓缩损耗算法定义如下：

$$E = \min_{\forall M, \ T\_F} E(M, \ T\_F) \tag{5-9}$$

$$E(M, \ T_F) = \sum_{b_n \in B} (E_a(\hat{b_n}) + E_k(\hat{b_n}) + E_s(\hat{b_n}))$$

$$+ \sum_{b_n, \ b_n' \in B} (\alpha E_t(\hat{b_n}, \ \hat{b_n'}) + \beta E_c(\hat{b_n}, \ \hat{n_n'})) \tag{5-10}$$

式中：b_n 和 b_n' 代表根据阈值用算法 Algorithm 3 选取的两条新对象序列；$\hat{b_n}$ 和 $\hat{b_n'}$ 代表映射到浓缩视频中的两条新的对象序列；α 和 β 两个值根据经验设定。

每项损耗的具体定义如下：

1. 运动信息损耗

$E_k(\hat{b_n})$ 是观测点丢失损耗，为了尽量不丢失原始视频中的观测点。

$$E_k(\hat{b_n}) = \sum_{t \in \hat{t_b} - \hat{t_{b_n}}} \sum_{x, \ y} X(x, \ y, \ t) \tag{5-11}$$

式中：$t \in \hat{t_b} - \hat{t_{b_n}}$ 表示出现在浓缩视频中的对象序列在关键观测点选择丢失

的观测点;$X(x, y, t)$ 是代表对象序列 外观的特征函数, 定义如下:

$$X(x, y, t) = \begin{cases} \|I(x, y, t) - B(x, y, t)\| , & t \in t_b \\ 0, & \text{其他} \end{cases} \qquad (5\text{-}12)$$

式中: $B(x, y, t)$ 是背景图像的像素; $I(x, y, t)$ 是各自图像的原始像素; t_b 是目标出现的时间。

$E_a(\hat{b}_n)$ 为原始对象序列目标丢失损耗, 定义如下:

$$E_a(\hat{b}_n) = \sum_{x, y, t} X(x, y, t) \qquad (5\text{-}13)$$

如果基于关键观测点选择的对象序列没有在浓缩视频中出现, 则 $E_k(\hat{b}_n) + E_a(\hat{b}_n)$ 为基于原始对象序列的损耗。如果基于关键观测点选择的对象序列在浓缩视频中出现, 则 $E_a(\hat{b}_n) = 0$, 损耗只是丢失的观测点的值。

2. 背景不一致损耗

$E_s(\hat{b}_n)$ 为对象序列和背景之间的差异损耗, 测量目标在新的背景视频中和在原始视频的背景中的差异。

3. 时间乱序损耗

定义时间乱序损耗, 是为了尽量保持对象序列之间原有时间顺序。例如, 两个人行走有先后顺序, 优化中, 尽量保持人物的出现和行走的顺序。两个对象序列时间上的交叉可以从它们的时空距离上得到, 公式如下:

$$d(b_n, b_n') = \exp\left(\min_{t \in \hat{t}_b \cap \hat{t}_{b_n}} \{d(b_n, b_n', t)\} / \sigma_{\text{space}}\right), \quad \hat{b}_n \cap \hat{b}_n' \neq \phi$$

$$(5\text{-}14)$$

式中: $d(b_n, b_n')$ 为 b_n、b_n' 在 t 帧中的对象序列的最近前景目标像素点距离; σ_{space} 定义了对象序列之间的空间互动程度。

如果 b_n 和 b_n' 在浓缩视频中没有时间重叠, b_n 比 b_n' 映射后的时间更早, 那他们的互动程度以时间的指数级减少:

$$d(b_n, \ b_n') = \exp \ (\ - (\widehat{t_{b_n'}^s} - \widehat{t_{b_n}^e})/\sigma_{\text{time}} \ ) \tag{5-15}$$

式中：σ_{time} 定义了对象序列之间的时间互动程度。

时间乱序损耗，是为了保持浓缩视频中的对象序列在原始视频上时间顺序设置，对破坏时间关系的映射进行惩罚：

$$E_t(\widehat{b_n}, \ \widehat{b_n'}) = d(b_n, \ b_n') \times \begin{cases} 0, \ t_{b_n}^s - t_{b_n'}^e = \widehat{t_{b_n}^s} - \widehat{t_{b_n'}^e} \\ C, \ \text{其他} \end{cases} \tag{5-16}$$

式中：C 为加权因子。

4. 目标遮挡损耗

经过时间移动的对象序列，如果观测点之间有重叠，定义损耗如下：

$$E_c(\widehat{b_n}, \ \widehat{b_n'}) = \sum_{x, \ y, \ t \in \widehat{t_b} \cap \widehat{t_{b_n}}} \mathcal{X}_{\widehat{b_n}}(x, \ y, \ t) \mathcal{X}_{\widehat{b_n'}}(x, \ y, \ t) \tag{5-17}$$

式中：$\widehat{t_b} \cap \widehat{t_{b_n}}$ 为 t_{b_n} 和 $t_{b_n'}$ 在浓缩视频中的时间交叉。定义这个损耗是为了尽量避免浓缩视频中目标之间的重叠。

在本书算法实验中，T_F 选择的范围为 $[0.2, 0.4]$，步长为 0.02。最后，用模拟退火法[123]对每个 T_F 取值都优化能量损耗函数，得到最优的 T_F。然后把对象序列按优化好的排列用 Poisson Editing[124]融合到背景图像中，产生浓缩视频。

5.6 实验结果与分析

在本节实验中，采用两个视频（分辨率 320×240，15FPS）来验证算法的有效性。图 5-5 展示了两个浓缩视频中两帧代表图像，图 5-6 为原始视频的代表性图像。

（a）　　　　　　　　　　　　　（b）

（a）Dataset1；（b）Dataset2

图 5-5　浓缩视频的两个代表图像

图 5-6　左列为 Dataset1 原始视频中代表性图像，右列为 Dataset2 原始视频中代表性图像

所提算法同文献［59］算法（标记为 Method1）进行了比较，详细的数据见表 5-1 和表 5-2。实验中，所提算法的 E_a 包括了 E_a 和 E_k，Method1 中仅仅包含 E_a。从表 5-1 可以看出，本书算法得到 5.4%，只造成 3518 的能量损耗。Method1 得到 7.7% 的压缩率，却造成 4942 的能量损耗。从表5-2可以看出，本书算法得到 3.9%，只造成 4587 的能量损耗。Method1

得到 5.8% 的压缩率，却造成 6001 的能量损耗。显然，本书算法不仅得到更高的压缩率，还降低了损耗。总之，本书算法生成的视频不仅获得主观更好的浓缩视频，还有更好的压缩率和更低的损耗。

表 5-1 Dataset1 中实验比较结果

Dataset1	Energy Cost				Frame Number	
	E_a	E_s	E_t	E_c	Original	Synopsis
Proposed	556	411	447	2104	12045	648
Method1	206	432	485	3819	12045	927

表 5-2 Dataset2 中实验比较结果

Dataset2	Energy Cost				Frame Number	
	E_a	E_s	E_t	E_c	Original	Synopsis
Proposed	681	732	581	2593	13710	531
Method1	397	791	476	4337	13710	801

5.7 本章小结

本章提出了一种新颖的基于关键观测点选择的视频浓缩技术。在关键观测点选择中，采用一种数据驱动方式，即通过综合考虑距离、运动与表观属性来构建多核相似性度量，实现了自适应选择。所提算法能在视频浓缩中极大地消除内容上的冗余，提高视频浓缩效率。虽然在关键观测点选择中，采用了距离核来保证空间上的一致性，但是在采样率过大的情况下，会造成视频中目标的空间跳动。一个有效办法是局部调整观测点的空间位置，并把这个调整结合到视频浓缩优化算法中，用来进一步保证目标的空间一致性，这是下一步研究工作的重点。

第6章 基于摄像机网络的视频浓缩

概念和分类是人类思考和行为的建筑基石。

——梅丁（1989）

6.1 引言

随着监控视频的发展，遍布大街小巷的监控摄像头实时录制了海量的视频数据。然而，这些海量视频数据的查找、分析和检索工作常常会耗用大量的时间和人力。如何忽略监控视频中大量的无用信息而快速寻找到所感兴趣的目标，是当前视频监控一种重要的研究课题。视频浓缩通过改变原始目标的时间信息，使不同时间的运动目标在相同时间内展现，极大地压缩了视频长度而且能保留视频的动态变化过程。一段监控视频通常可压缩成原始长度几十分之一的新的短视频。现有的视频浓缩算法[1,58,60,62]都关注解决单摄像机问题。但是，由于单摄像机视角有限，大场景就需要多摄像机监控。多摄像机监控中，寻找或跟踪目标在不同摄像机中的完整行为非常困难。基于摄像机网络的视频浓缩，通过产生在整个场景上的浓缩视频，可以很好地解决这个问题，便于浏览和检索目标在整个场景中完整的运动行为。

为了进行摄像机网络上的视频浓缩，首先必须得到运动目标在多摄像机中的完整运动行为。在本节，采用轨迹来代表目标的运动行为（对象序列 tube），轨迹上的每个观测点是一个前景区域，坐标采用前景区域的中心位置。由于噪声和运动前景提取错误，加上目标的重入和遮挡等原因，摄像机之间完整运动行为提取（轨迹匹配）往往比较困难。因此，如果对摄像机之间的轨迹进行高效和鲁棒的匹配，是一个困难而且有挑战性的工作。现有的方法[125-128]用点对点的方法进行轨迹匹配，这种方法忽略了轨迹之间结构信息和上下文信息，不能从全局上获得一个最佳匹配集。在计算机视觉中，大家广泛熟悉的两个特征集之间的匹配可以通过图匹配的办法解决。图匹配算法在跟踪、图像检索、目标识别等工作中广泛使用。文献［129］中使用无向二分图对摄像机之间的轨迹进行匹配，获得最大匹配集。但是这个方法中，仅仅考虑了较弱的单一和一对一的属性，而且没有在全局上去优化目标函数来获取最佳匹配集[130]。但是，基于布尔二次规划（Boolean Quadratic Programming），图匹配算法可以充分虑单一和一对一的属性。由于二次规划是一个 NP-hard 问题，需要用近似方法解决。图匹配中采用随机游走，是一个很好的近似方法。

本书算法框架如图 6-1 所示。首先，在各自摄像机中进行背景建模和轨迹提取。然后，用重加权随机游走模型进行摄像机之间轨迹匹配（匹配好的轨迹在重叠部分进行融合）。然后，用第 5 章的方法进行关键观测点选择，最后用改进的视频浓缩算得到浓缩视频。

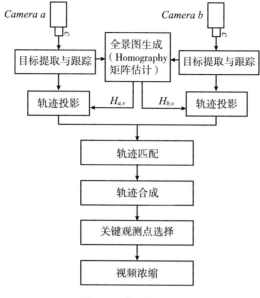

图 6-1　算法框架图

6.2　相关工作

6.1 节，已经对单摄像机的视频浓缩相关工作做了详细介绍，本节主要介绍摄像机间轨迹匹配的相关工作。摄像机间轨迹匹配主要分为三类：基于外观特征、基于几何变换和混合方法。基于外观特征的方法[129,131-135]主要采用颜色信息对摄像机之间的轨迹进行匹配。Kuo 等人[134]采用多示例学习（Multiple Instance Learning）的方法，在线学习颜色判别模型。两个摄像机中轨迹的时空约束，可以给算法提供一些弱监督样本，如可能匹配的轨迹对和不可能匹配的轨迹对。由于摄像机之间的光照条件容易改变，所以基于外观特征的算法需要不断地在线更新。基于几何变换的方法[125,126,132,136]通过极限集合（Epipolar Geometry）、单应矩阵（Homography）和摄像机标定（Camera Calibration）的方法进行轨迹匹配。Amato 等人[126]提出的方法中，将不同摄像机中提取的轨迹，都统一转换到世界坐标，然后利用空间信息进行匹配。单纯的基于几何约束的方法，匹配的准确性严重依赖于几何变换算法，对噪声不够鲁棒。

混合方法[127,129,137,138]在匹配过程中，综合利用了基于外观和基于几何约束等方法。Sheikh 等人[137]利用统计学的方法对航空照相机（Airborne Camera）拍摄的视频进行轨迹匹配。文章作了两个基本假设：①摄像机离地面足够高；②在短时间内，同一目标同时被两个不同摄像机拍摄。他们把匹配看成一个 K-维图匹配，然后用求最大释然概率的方法求最佳匹配。Du 等人[138]提出一套结合粒子滤波和置信度传播的框架，用来通过匹配的方法跟踪摄像机之间的运动员。现有的基于混合方法的匹配算法，对噪声和错误的处理都不够鲁棒。所提轨迹算法是从文献［127，129］得到启发。Anjum[127]采用多种特征，包括外观、运动、空间信息等，对部分重叠的摄像机的视频进行轨迹匹配。但是在他们的算法中，忽略了摄像机之间轨迹的时间信息。Javed 等在文献［129］利用运动趋势信息和外观信息对，采用二分图匹配算法，对部分重叠的摄像机的视频进行轨迹匹配。Hamid 等则采用 k 分图算法来进行轨迹匹配。Wu 等人[139]提出用多维分配数方法（Multidimensional Assignment）基于贪婪随机自适应搜索法（Greedy Randomized Adaptive Search）寻找多摄像机之间的轨迹匹配。现有的算法，在匹配过程中，对噪声和错误不够鲁棒。一个主要的原因是现有的方法[128,129]仅仅考虑了轨迹的单一和一对一的属性，但是忽略了轨迹之间的结构信息和上下文信息，不能从全局角度上得到一个最佳的匹配集。所提匹配算法基于布尔二次规划算法，它是经典图匹配算法的一个泛化。由于二次规划是一个 NP-hard 问题，需要用近似方法解决，所以本节采用了基于随机游走模型的角度来求解图匹配算法。采用二次规划主要优点是能考虑两个轨迹对之间的上下文信息。另外，随机游走中的重新加权，增强了可信的匹配，使使算法对噪声和错误更鲁棒，并加快了收敛速度。

6.3　摄像机间轨迹匹配方法

本节首先介绍多摄像头中轨迹提取，然后详细介绍轨迹匹配和合成。

6.3.1　轨迹提取

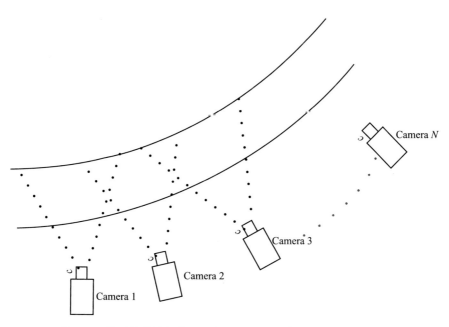

图 6-2　典型的监控摄像机网络的布置，摄像机之间有部分重叠

在所提算法中，轨迹匹配在全景图平面（Mosaic Plane）上进行，转换的单应性矩阵在全景图生成的时候得到。假设 $C = \{ C^1,\ C^2,\ \cdots,\ C^N \}$ 为大场景监控中 N 个邻近互相重叠的摄像机，如图 6-2 所示。为了简单起见，在本节中，重点介绍两个摄像机之间的匹配，它可以很简单地拓展到多个摄像机之间匹配。假定 C^a 和 C^b 是两个相邻的有互相重叠视角的摄像机，采用背景检测法[119]结合图匹配跟踪算法[120]，从单个摄像机中提取各自的轨迹。用 $T_a = \{T_a^1, T_a^2, \cdots, T_a^m\}$ 代表摄像机 C^a 中提取的 n 条轨迹，$T_b = \{T_b^1, T_b^2, \cdots, T_b^m\}$ 代表摄像机 C^b 中提取的 m 条轨迹。每条轨迹都有由许多观测点组成，如摄像机 a 中的轨迹 i 可以表示为 $T_a^i = \{T_a^i(x_1, y_1, t_1),$ $T_a^i(x_2, y_2, t_2), \cdots, T_a^i(x_N, y_N, t_N)\}$，其中 t 代表观测点的时间信息，N 代表观测点的数量。

通过对所有背景图像用均值滤波的方法得到代表性的背景图像，然后采用文献［140］中的方法构建全景图，并以全景图平面作为虚拟地平面（Ground Plane），来进行轨迹匹配。在构建全景图时，可以得到两个单应性矩阵 $\boldsymbol{H}_b^v$ 和 $\boldsymbol{H}_a^v$，利用单应性矩阵，可以把两个摄像机获取的视频的轨迹投影到全景图平面：

$$\bar{T}_b^i(\bar{x}, \bar{y}, t) = \boldsymbol{H}_b^v T_b^i(x, y, t) \tag{6-1}$$

式中：$\bar{T}_b^i(\bar{x}, \bar{y}, t)$ 为投影到全景图上的轨迹。但是，这种投影，很容易造成同一目标的轨迹在重叠区域（$V_{(a, b)}$）不对齐。另外，由于轨迹提取本身就有噪声和错误，就容易造成轨迹匹配错误。在下一节，将介绍基于重加权随机游走的图匹配的轨迹匹配有效算法，用来解决上述问题。

6.3.2 轨迹匹配和合成

摄像机获取的视频中的轨迹由短时间内一系列观测点组成，轨迹匹配需要从两个摄像头的轨迹集中选取匹配的轨迹对。一个摄像机视频中的一条轨迹，只能与另一摄像机视频中的一条轨迹匹配。在计算机视觉中，图匹配算法在跟踪、图像检索、目标识别等工作中广泛使用。大家广泛熟悉两个特征集之间的匹配可以通过图匹配的办法解决。在部分重叠的摄像机网络中，需要在全景图平面上建立转换到全景图平面的（$\bar{T}_a^i, \bar{T}_b^i$）经过重叠区域的轨迹的匹配。用 G^a 和 G^b 代表两个具有部分重叠区域的摄像机 a 和 b。图匹配中图上的点代表摄像机中经过重叠区域的轨迹（图 6-3 (a)）。然后构造一个二分图，匹配目标就是基于二分图[141]寻找一个最佳匹配集合，如图 6-3（b）所示。然而，有的轨迹在一个摄像机视频中出现，但并不一定在另外一个摄像机视频中也出现，如轨迹 5（Track 5）。在构造二分图时，必须满足基数约束条件（Cardinality Constraint）[141]。这样，在构图时，需要节点少的图中加入虚拟的节点"V"，并使它与周围点的距离为最大。图中虚线为"V"连接线，粗线为最后得到最佳匹配对的连线。

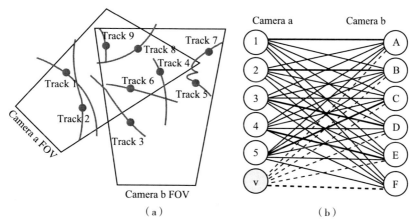

$$\text{图 6-3}\quad（a）轨迹 3，4，6，8，9 在两个摄像机中都可见，需要进行匹配；$$

$$（b）寻找最佳匹配轨迹对构造的二分图$$

匹配算法基于布尔二次规划算法，它是经典图匹配算法的一个泛化。定义 $X \in \{0, 1\}^{n^a \times n^b}$，其中 n^a 和 n^b 为摄像机 a 和 b 中的轨迹数量。如果 $X_{ij} = 1$，表示摄像机 a 中的节点"i"与摄像机 b 中的节点"j"匹配。图匹配算法可以表示为一个布尔二次规划算法，即找一个向量 $\boldsymbol{x}$，使下面的函数最大化：

$$\text{x}^* = argmax\ (\boldsymbol{x}^{\mathrm{T}} \boldsymbol{W} \boldsymbol{x}) \tag{6-2}$$

$$\text{s. t.}\ x \in \{0, 1\}^{n^a \times n^b},\ \forall i \sum_{j=1}^{n^b} x_{ij} \leqslant 1,\ \forall j \sum_{i=1}^{n^a} x_{ij} \leqslant 1$$

式中：$\boldsymbol{W}$ 为轨迹对的相似度矩阵（Afnity Matrix）。由于二次规划求解为 NP-hard，需要用近似方法来求解（加个随机游走）。

1. 重加权随机游走图匹配算法

现有的算法中，如文献［129］中仅仅考虑了较弱的单一和一对一的属性，而没有在全局上去优化目标函数来获取最佳匹配集。与上述的图匹配算法不同，所提算法中采用基于马尔可夫随机游走算法[142]来求解二次规划问题。利用图 G^a 和 G^b 构建匹配图 G^{rw}，如图 6-4 所示。因此，原图中的图 G^a 和 G^b 匹配问题便转换为图 G^{rw} 中点的排序和选择问题，采用马尔可夫随机游动的统计。

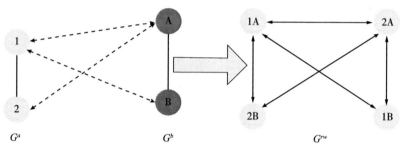

图 6-4 用 G^a 和 G^b 构造匹配图 G^{rw}

通常，为了定义权重图上的转移矩阵，传统的随机游走算法把权重矩阵 $\boldsymbol{W}$ 转化为行随机矩阵 $\boldsymbol{P} = \boldsymbol{D}^{-1}\boldsymbol{W}$，其中 $\boldsymbol{D}$ 为对角矩阵 $\boldsymbol{D}_{ii} = d_i = \sum_j \boldsymbol{W}_{ij}$。但是 G^{rw} 有的点是错误的匹配对。在这种情况下，对相似度矩阵的归一化会增强错误的负面效果，阻碍随机游走。为了避免这种情况出现，定义了一个最大度量 $d_{\max} = \max_i d_i$，构造一个扩张的图（Augmented Graph）G^{arw}，图中有一个吸引子 v_{abs} 从 $v_i \in V^{rw}$ 中吸入 $d_{\max} - d_i$ 相似性，如图 6-5 所示。这个图是有一个吸引子的特殊马尔可夫链，例如，有一个状态，一旦达到，就不会出来。基于 G^{arw} 随机游走的转移矩阵和吸引子马尔可夫链，定义如下：

$$\boldsymbol{P} \begin{pmatrix} \boldsymbol{W}/d_{\max} & 1-d/d_{\max} \\ \boldsymbol{0}^T & 1 \end{pmatrix}, \quad \left(\boldsymbol{x}^{(n+1)\,T} \quad \boldsymbol{x}_{abs}^{(n+1)} \right) = \left(\boldsymbol{x}^{(n)\,T} \quad \boldsymbol{x}_{abs}^{(n)} \right) \boldsymbol{P} \quad (6\text{-}3)$$

式中：$\boldsymbol{W}/d_{\max}$ 为 $n^P n^Q \times n^P n^Q$ 亚随机矩阵；1 为 $n^P n^Q \times 1$ 的全 1 矩阵。

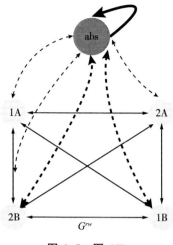

图 6-5　图 G^{arw}

但是这种随机游走模式中，式（6-2）中的匹配条件约束被忽略，没有反映到随机游走过程中，导致求出的结果为局部最优。为了避免这种情况出现，在随机游走过程中增加一个跳跃（Jump）[143,144]，例如以概率 α 跳过一条边。概率 α 代表两种可能的行为选择，沿着边运动或者跳过：

$$\left(x^{(n+1)\,\mathrm{T}} \quad x_{abs}^{(n+1)} \right) = \alpha \left(x^{(n)\,\mathrm{T}} \quad x_{abs}^{(n)} \right) P + \left(1 - \alpha \right) r^{\mathrm{T}} \tag{6-4}$$

式中：重加权的跳跃向量 r 加到式（6-3）随机游走中。在这个方法中，采用跳跃来产生对匹配限制有偏的随机游走。详细的算法如 Algorithm 4 所示。

Algorithm 4 重加权随机游走图匹配算法

输入权重矩阵 W，重加权因子 α，膨胀因子 β
防止冲突游走，为所有冲突的匹配对设置 $W_{ia;jb} =$
设置最大度量 $d_{\max} = \max_i a \Sigma_{jb} W_{ia;jb}$
初始化转移矩阵 $P = W/d_{\max}$，其实概率 x 相同
重复
$\bar{x}^{\mathrm{T}} = x^{\mathrm{T}} P$
（两路限制下重加权）
$y^{\mathrm{T}} = \exp\left(\beta \bar{x}/\max \bar{x} \right)$

Algorithm 4 重加权随机游走图匹配算法

重复

    归一化行 $y_{ai} = y_{ai} / \Sigma_i^I = 1 y_{ai}$

    归一化列 $y_{ai} = y_{ai} / \Sigma_i^A = 1 y_{ai}$

直到 y 收敛

$y = y / \Sigma x_{ai}$

（重加权跳跃的相似度保留随机游走）

$\boldsymbol{x}^T = \alpha \bar{\boldsymbol{x}}^T + (1-\alpha) \ \boldsymbol{y}^T$

$\boldsymbol{x} = \boldsymbol{x} / \Sigma x_{ai}$

直到 $\boldsymbol{x}$ 收敛

输出：在匹配限制条件下离散化 $\boldsymbol{x}$

通过迭代求得随机游走的似稳态（Quasi-stationary），计算复杂度为 $O(|E^P||E^Q|)$（$|E^P|$ 和 $|E^Q|$ 为两图中边的数量）。最终的离散步骤，用匈牙利算法（Hungarian Algorithm）[145]，找出最佳匹配集。

2. 相似度矩阵构造

在基于重加权随机游走的图匹配算法中，如果构造轨迹对的相似度矩阵 $\boldsymbol{W}$ 是关键问题，采用时空特征[146]、外观特征和视角不变特征[147]来构造相似度矩阵。

外观特征采用轨迹的 RGB 颜色直方图来表示。在所提算法中，每个观测点都采用24维直方图表示（RGB 各8维），最后使用的特征直方图采用在目标轨迹 i 所有观测点取平均的方法获取。所以，最终轨迹所有的外观特征求解如下：

$$\beta_a^i = \frac{1}{N} \sum_{k=0}^{N-1} f_a^k \tag{6-5}$$

式中：f_a^k 为直方图信息；N 为轨迹 T_a^i 的观测点数量。

视角不变信息是从文献[147]借鉴而来。对每条轨迹，提取它的位置信息（观测点的中心坐标）$\{x(k), y(k)\}$，$k = 0, 1, \cdots, N-1$。轨迹几何中心点距离函数表示如下：

$$c[k] = \sqrt{[x[k] - x_c]^2 - [y[k] - y_c]^2}, \quad k = 0, 1, \cdots, N-1 \quad (6-6)$$

式中：$x_c = \dfrac{1}{N}\sum_{k=0}^{N-1} x[k]$，$y_c = \dfrac{1}{N}\sum_{k=0}^{N-1} y[k]$。

轨迹中每个观测点，求出其坐标与中心点的距离作为特征，这个特征具有仿射不变性。

在所提算法中，摄像机之间的两条轨迹，如果时间差超过一定限度，则认为不可能匹配。定义 t_{si} 和 t_{ei} 为轨迹 i 的起始时间和结束时间。T 为时间差的阈值，实验中设置为 25。如果轨迹两个不同摄像机的两条轨迹 i 和 j 时间上相近，则满足

$$t_{si} \leqslant t_{sj} \leqslant t_{ei} + T \text{ 或 } \quad t_{sj} \leqslant t_{si} \leqslant t_{ej} + T \quad\quad (6-7)$$

那么 i 和 j 在匹配图中将用边连接起来。这表示轨迹 i 和 j 在时间上比较相近，有可能是匹配的轨迹。

图 6-6 为示意图。根据图 6-6（a），摄像机 a 中的轨迹 1 和摄像机 b 中的轨迹 2 在时间上有重叠，有可能是属于同一目标，所以图匹配中这两个轨迹的节点有边连接。根据图 6-6（b），摄像机 a 中的轨迹 3 和摄像机 b 中的轨迹 4，没有时间重叠，而且它们的时间差超过阈值 T，图匹配中这两个轨迹的节点有边连接。

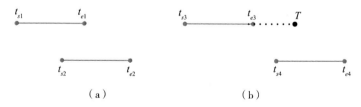

（a）　　　　　　　　　　　（b）

图 6-6　两个摄像机间轨迹的时间关系图

最后结合上述特征，可以计算得到两条轨迹间的距离：

$$DIST_{ai,\,bj} = \frac{1}{c}\left(\,||\,\beta_a^i - \beta_b^j\,|| + \lambda\,DV_{ai,\,bj}\right) \quad\quad (6-8)$$

式中：C 为归一化参数；λ 为经验性设定参数，在所有实验中设置为 1，

DV_{ai}, bj 为两条轨迹在重叠区域的基于坐标的 DTW 距离。假定 i 和 p 为摄像机 a 中的两条轨迹，j 和 q 为摄像机 b 中的两条轨迹，则所提图匹配算法中轨迹对的相似度矩阵 W 按如下计算：

$$W_{ip, jq} = e^{-|DIST^a_{i, j} - DIST^b_{p, q}|^2 / \sigma_s^2} \qquad (6-9)$$

然后把时间信息考虑进来，如果轨迹 i 和 j，或者轨迹 p 和 q 不满足式 (6-7)，那么

$$W_{ip, jq} = 0 \qquad (6-10)$$

3. 轨迹合成

在轨迹匹配完成后，需要对匹配的两条轨迹在重叠区域进行合成，得到目标贯穿两个摄像机的完整运动轨迹。为了对不同摄像机中的两条轨迹 $\widehat{T^i_a}$ 和 $\widehat{T^i_b}$ 进行融合，采用自适应权重的办法进行，轨迹有更多观测点的和更长的权重更大，计算如下：

$$\omega_1 = \frac{|T^i_a| + L_{T^i_a}}{|T^i_a| + L_{T^{i+}_a} + |T^i_b| + L_{T^i_b}} \qquad (6-11)$$

$$\omega_2 = \frac{|T^i_b| + L_{T^i_b}}{|T^i_a| + L_{T^{i+}_a} + |T^i_b| + L_{T^i_b}} \qquad (6-12)$$

式中：$|\cdot|$ 为轨迹的观测点数目；L_T 为轨迹的长度。

6.4   基于摄像机网络的视频浓缩算法

跟文献 [1，60] 所述方法一样，在算法中也引入了遮挡损耗和时间乱序损耗。另外，把关键目标选择和视频浓缩算法结合，寻找最佳的时间排序 M 和关键目标选择中的相似度 T_F，让能量损耗最小。整个损耗函数定义如下：

$$E = \min_{\forall M, T\_F} E(M, T\_F) \qquad (6-13)$$

$$E(M, T_F) = \sum_{b_n \in B} (E_a(\widehat{b_n}) + E_k(\widehat{b_n}) + E_s(\widehat{b_n}))$$

$$+ \sum_{b_n,\ b'_n \in B} (\alpha E_t(\widehat{b_n},\ \widehat{b'_n}) + \beta E_c(\widehat{b_n},\ \widehat{n'_n})) \tag{6-14}$$

式中：b_n 和 b'_n 代表根据阈值 T_F 用第 5 章关键观测点选择算法选取的两条新的对象序列；$\widehat{b_n}$ 和 $\widehat{b'_n}$ 代表映射到浓缩视频中的两条新的对象序列；α 和 β 两个值根据经验设定。

$E_s(\widehat{b_n})$ 为对象序列和背景之间的差异损耗，测量目标在新的背景视频中和在原始视频的背景中的差异。$E_t(\widehat{b_n})$ 是时间乱序损耗，是为了保持对象序列在原始视频上时间顺序设置。$E_c(\widehat{b_n})$ 为观测点之间的遮挡损耗，为了尽量避免浓缩视频中目标之间的重叠。$E_k(\widehat{b_n})$ 是目标丢失损耗，为了尽量不丢失原始视频中的观测点。

$$E_k(\widehat{b_n}) = \sum_{t \in \widehat{t_b} - \widehat{t_{b_n}}} \sum_{x,\ y} \chi(x,\ y,\ t) \tag{6-15}$$

式中：$t \in \widehat{t_b} - \widehat{t_{b_n}}$ 表示出现在浓缩视频中的对象序列在关键观测点选择丢失的观测点；$\chi(x,\ y,\ t)$ 是代表对象序列外观的特征函数，定义如下：

$$\chi(x,\ y,\ t) = \begin{cases} \| I(x,\ y,\ t) - B(x,\ y,\ t) \|,\ t \in t_b \\ 0,\ 其他 \end{cases} \tag{6-16}$$

式中：$B(x,\ y,\ t)$ 是背景图像的像素，$I(x,\ y,\ t)$ 是各自图像的原始像素；t_b 是目标出现的时间。

如果基于关键观测点选择的对象序列没有在浓缩视频中出现，则 $E_k(\widehat{b_n}) + E_a(\widehat{b_n})$ 为基于原始对象序列的损耗。如果基于关键观测点选择的对象序列在浓缩视频中出现，则 $E_a(\widehat{b_n}) = 0$，损耗只是丢失的观测点的值。在算法实验中，T_F 选择的范围为 $[0.2,\ 0.4]$，步长为 0.02。最后，用模拟退火法[123]对每个 T_F 取值都优化能量损耗函数，得到最优的 T_F。然后把对象序列按优化好的排列用 Poisson Editing[124]融合到背景图像中，产生浓缩视频。

6.5 实验结果与分析

为了验证所提算法的有效性，在摄像机网络拍摄的三个视频数据上进行了实验，三个数据都是由两部具有重叠视角的摄像机在户外拍摄。第一个视频数据（D1）为行人活动，有 6130 帧（分辨率为 352×288，帧率为 15FPS），代表性图像如图 6-7 所示。第二个视频数据（D2）为车辆活动，有 9570 帧（分辨率为 320×240，帧率为 15FPS），代表性图像如图 6-8 所示。第三个视频数据（D3）为车辆活动，有 4200 帧（分辨率为 320×240，帧率为 15FPS），代表性图像如图 6-9 所示。D1 的重叠区域大概有 30%，D2 和 D3 只有 10% 左右。在这些数据中，运动目标距离相近并且颜色相似，给轨迹匹配带来很大挑战。在实验中对轨迹匹配的性能和基于关键观测点选择的视频网络浓缩算法都进行了有效性验证。

图 6-7 左列为 Dataset1 左边摄像机；右列为右摄像机

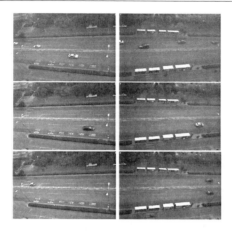

图 6-8　左列为 Dataset2 左边摄像机；右列为右摄像机

图 6-9　左列为 Dataset3 左边摄像机；右列为右摄像机

6.5.1　轨迹匹配实验结果分析

所提算法同 Dynamic Time Wrapping（DTW）[148]（标记为 M1）、文献 [128] 中的方法（标记为 M2）、文献 [133] 中的方法（标记为 M3）、文献 [134] 中的方法（标记为 M6）进行了比较。另外在实验中，用文献 [149] 和文献 [150] 中的特征（标记为 M4 和 M5）取代所提算法采用的特征进行了实验。采用召回率（R）和准确率（P）来度量所提算法。

表 6-1 为详细的信息。可以看到，所提算法与 M1 相比，在数据 M1、M2 和 M3 的平均 R 和 P 各提高了 23.7% 和 23%。这表明在 D1、D2 和 D3 这种复杂的数据中，虽然目标在时间和空间上都很近，但是所提算法相比现有的，还是有很大性能提高。相比 M2，在数据 D1、D2 和 D3 的平均 R 和 P 各提高了 13.3% 和 11.3%。这表明在 D1、D2 和 D3 这种复杂的数据中，虽然目标在时间和空间上都很近，但是所提算法相比现有的，还是有很大性能提高。M2 采用几何约束的方法进行匹配，当一条轨迹与多条轨迹很相近时，匹配算法容易失效，这在 D3 中更为明显，M2 在 D3 上 R 和 P 的得分都很低。相比 M3，在数据 D1、D2 和 D3 的平均 R 和 P 各提高了 6.7% 和 3.3%。虽然 M3 中采用了多种有效特征，但是它在目标具有相似外观和邻近时空特征的轨迹上，没有匹配成功。相比 M4，在数据 D1、D2 和 D3 的平均 R 和 P 各提高了 4.3% 和 3%。相比 M5，在数据 D1、D2 和 D3 的平均 R 和 P 各提高了 6.3% 和 2.3%。M4 和 M5 中用到的两种特种在很多领域内，如行为识别，都取得很好的效果，但是它们没有视角不变性，而且在拥挤场景下对外观特征相似目标容易失效。相比 M6，在数据 D1、D2 和 D3 的平均 R 和 P 相同。这表明在大的具有角度变化的场景中，如 D3，所提算法还是有局限性。总体而言，所提算法同现有的算法相比，在不同摄像机的轨迹匹配之间，具有更好性能。

表 6-1 轨迹匹配在数据 D1、D2 和 D3 上的准确率（R）和召全率（P）

Method	D1		D2		D3	
	R	P	R	P	R	P
M1	0.73	0.80	0.66	0.71	0.48	0.54
M2	0.84	0.88	0.82	0.87	0.62	0.65
M3	0.88	0.95	0.86	0.92	0.74	0.77
M4	0.93	0.94	0.88	0.94	0.74	0.75

续表

Method	D1		D2		D3	
	R	P	R	P	R	P
M5	0.92	0.95	0.86	0.91	0.71	0.81
M6	0.93	0.92	0.92	0.95	0.83	0.87
Ours	0.97	0.98	0.93	0.96	0.78	0.80

6.5.2　摄像机网络视频浓缩

采用上述的 3 个视频数据（D1、D2 和 D3）进行视频浓缩。基于网络的浓缩视频，能提供目标完整的运动行为，使视频检索和浏览更加高效。图 6-10、图 6-11 和图 6-12 显示 D1、D2 和 D3 浓缩视频的代表性帧。

图 6-10　Dataset1 的浓缩视频的代表帧

图 6-11   Dataset2 的浓缩视频的代表帧

图 6-12   Dataset3 的浓缩视频的代表帧

为了证明所提基于关键观测点选择的视频浓缩算法的有效性，实验把所提算法（标记为 Proposed）同传统的没有关键观测点选择的算法（标记为 Method1）、基于聚类的视频浓缩算法（标记为 Method2），进行了比较。详细的结果可以从表 6-2、表 6-3 和表 6-4 中得到。所提算法中的 E_a 能量损耗包括 E_a 和 E_k，Method1 中 E_a 不包含 E_k。从表 6-2 可以得出，所提算法得到 6.1%压缩率，只造成 1751 的能量损耗。Method1 得到 7.6% 压缩率，造成 2487 的能量损耗。Method2 得到 6.5%压缩率，造成 2050 的能量损耗。从表 6-3 可以得出，所提算法得到 3.9%压缩率，只造成 4193 的能量损耗。Method1 得到 8.9% 压缩率，造成 7350 的能量损耗。Method2 得到 6.4%压缩率，造成 4405 的能量损耗。从表 6-4 可以得出，所提算法得到 5.4%压缩率，只造成 1840 的能量损耗。Method1 得到 6.8% 压缩率，造成 2439 的能量损耗。Method2 得到 6%压缩率，造成 2041 的能量损耗。能量损耗主要由浓缩视频中目标之间的时序变化，还有遮挡引起，这些都会严重造成视频质量下降。从实验中可以得出，所提算法不仅得到更高的压缩率，还降低了损耗。总之，所提算法生成的视频不仅获得主观更好的浓缩视频，还有更好的压缩率和更低的损耗。

表 6-2 视频浓缩在 Dataset1 上的损耗信息

Dataset1	能量损耗				帧数	
	E_a	E_s	E_t	E_c	原始视频	浓缩视频
Ours	312	198	221	1020	6130	372
Method1	157	200	240	1890	6130	465
Method2	297	185	213	1355	6130	398

表 6-3 视频浓缩在 Dataset2 上的损耗信息

Dataset2	能量损耗				帧数	
	E_a	E_s	E_t	E_c	原始视频	浓缩视频
Ours	366	540	694	2593	9570	507
Method1	337	612	1464	4937	9570	846
Method2	383	598	998	2426	9570	617

表 6-4 视频浓缩在 Dataset3 上的损耗信息

Dataset3	能量损耗				帧数	
	E_a	E_s	E_t	E_c	原始视频	浓缩视频
Ours	112	89	271	1368	4800	257
Method1	87	178	385	1789	4800	324
Method2	119	112	298	1512	4800	289

6.6 本章小结

本章提出了基于摄像机网络的视频浓缩算法。为了得到目标完整的运动行为，所提算法采用了基于重新加权的随机游走图匹配模型，进行摄像机之间的运动目标轨迹匹配，具有很好的鲁棒性。另外，为了提高视频浓缩的效率，将第 5 章中提到的基于关键目标选择的视频浓缩算法和全景视频浓缩算法集成到一个框架。

附录 A　符号和记号

变量，符号和运算

∞ 无穷大

$x \rightarrow a$ x 趋近于 a

$\lim\limits_{x \rightarrow a} f(x)$ 当 a 趋近于 a 时

$\arg\max\limits_{x} f(x)$ 使 $f(x)$ 取最大值的 x 的值

$\arg\min\limits_{x} f(x)$ 使 $f(x)$ 取最小值的 x 的值

$\ln(x)$ 使 e 为底的 x 的对数，或 x 的自然对数

$\lg(x)$ 以 10 为底的 x 的对数

$\log_2(x)$ 以 2 为底的 x 的对数

$\exp[x]$ 或 e^x e 的 x 次幂

$\partial f(x)/\partial x$ 函数 f 关于 x 的偏导数

$F(x;\ \theta)$ F 是 x 的函数，这个函数还依赖于参数 θ（有时为向量形式的参数 θ）

向量和矩阵

$\boldsymbol{R}^d$ d 维欧几里得空间

$\boldsymbol{x}$, $\boldsymbol{A}$, … 粗体表示向量（列向量）和矩阵

$\boldsymbol{f}(x)$ 以标量 x 为自变量的向量函数（注意 $\boldsymbol{f}$ 为粗体）

$\boldsymbol{I}$ 单位矩阵，即对角线元素为 1、非对角线元素为 0 的矩阵

$\mathrm{diag}\,(a_1,\,a_2,\,\cdots,\,a_d)$	对角矩阵，即对角线上的元素为 1、非对角线元素为 0 的矩阵
$\boldsymbol{x}^{\mathrm{T}}$	向量 $\boldsymbol{x}$ 的转置
$\|\boldsymbol{x}\|$	向量 $\boldsymbol{x}$ 的欧几里得范数，即 $\sqrt{x_1^2+x_2^2+\cdots+x_d^2}$，其中 x_i 为向量 $\boldsymbol{x}$ 的第 i 个分量
Σ	协方差矩阵
$\boldsymbol{A}^{-1}$	矩阵 $\boldsymbol{A}$ 的逆矩阵
$|\boldsymbol{A}|$ 或 $Det[\boldsymbol{A}]$	矩阵 $\boldsymbol{A}$ 的行列式的值（$\boldsymbol{A}$ 必须是方阵）
λ	矩阵的本征值（Eigenvalue）

集合

$A,\,B,\,C,\,D,\,\cdots$	本书中用手写体字母表示集合或列表，例如，数据集合 $D=\{x_1,\,x_2,\,\cdots,\,x_n\}$
$x\in D$	表示元素 x 属于集合 D
$A\cup B$	集合 A 与 B 的并集，即包含 A 或 B 中的所有元素的集合
$A\cap B$	集合 A 与 B 的交集，即其中的元素同时在集合 A 或 B 中
$|D|$	集合 D 的基数（cardinality，也称为基度，势），及集合 D 中的元素个数

概率、分布和计算复杂度

$P(\,\cdot\,)$	概率质量（Probability Mass，注意 P 为大写）
$p(\,\cdot\,)$	概率密度（Probability Density，注意 p 为小写）
$P(a,\,b)$	联合概率（Joint Probability），也就是同时取 a 和 b 的概率
$p(a,\,b)$	联合概率密度（Joint Probability Density），也就是同时取 a 和 b 的概率密度
$\mathrm{Pr}\,[\,\cdot\,]$	使得方括号内给出的条件得以满足的概率，如 $\mathrm{Pr}\,[x<x_0]$ 表示 x 小于 x_0 的概率

$p(x \mid \theta)$	给定 θ 的情况下，x 的条件概率密度（Conditional probability density）
w	权向量（Weight Vector），也就是 $w(w_1, w_2, \cdots, w_m)^t$
$\lambda(\cdot, \cdot)$	损失函数（Loss Function），评价某一判断带来的损失程度的代价函数（Cost Function），也称为风险函数
$\nabla = \left\| \dfrac{\partial}{\partial x_2} \right\|$	定义在空间 R^d 上的梯度算子，有时也记作 grad［·］
$\nabla_\theta = \left\| \dfrac{\partial}{\partial x_2} \right\|$	在坐标系 θ 下的梯度算子，有时也记作 grad_θ［·］
$N(\mu, \sigma^2)$	均值为 μ 和方差为 σ^2 的正态分布，也称为高斯分布
$N(\mu, \Sigma)$	均值向量为 μ 和协方差为 Σ 的多维正态分布，也称为多维高斯分布
$\delta(x)$	狄克拉函数，也称为 δ 函数（在信号处理领域称为冲激函数），当 $x \neq 0$ 时函数值为 0，在整个定义域上积分值为 1
δ_{ij}	克罗内克 δ 符号，如果下标 i 和 j 相同，其值为 1，否则为 0，即 $\delta_{ij} = \begin{cases} 1, & i=j \\ 0, & i \neq j \end{cases}$
$O(h(x))$	函数 $h(x)$ 的大 O 阶
$\Theta(h(x))$	函数 $h(x)$ 的大 Θ 阶
$\Omega(h(x))$	函数 $h(x)$ 的大 Ω 阶
$\sup_x f(x)$	$f(x)$ 值的上确界，也就是 $f(x)$ 的最小上界或者全局最大值

附录 B　模式组合的一些基本概念

B.1　图

图的本质内容是二元关系，图又分为无向图和有向图两种。

定义 B-1（无向图） 无向图 G 定义为一个二元组 $G = (N, E)$，其中，N 是顶点的非空有限集合，$N = \{n_i \mid i = 0, 1, \cdots, k\}$；$E$ 是边的有限集合，$E = \{(n_i, n_j) \mid n_i, n_j \in N\}$。

定义 B-2（有向图） 有向图 D 定义为一个二元组 $D = (N, E)$，其中，N 是顶点的非空有限集合，$N = \{n_i \mid i = 0, 1, \cdots, k\}$；$E$ 是边的有限集合，$E = \{(n_i, n_j) \mid n_i, n_j \in N\}$ 且 $(n_i, n_j) \neq (n_j, n_i)$，$(n_i, n_j) \in E$ 是顶点 n_i 的出边，顶点 n_j 的入边。

定义 B-3（连通图） 连通图是一个无向图 $G = (N, E)$ 或有向图 $D = (N, E)$，对于 N 中的任意两个顶点 n_s 和 n_t，存在一个顶点的序列 P，使得 $n_s = n_{i_0}$，n_{i_1}，$\cdots$，$n_{i_k} = n_t$ 均属于 N，且 $e_j = (n_{i_j}, n_{i_{j+1}})$（$j = 0, 1, \cdots, k - 1$）均属于 E。P 也称为图 G 或 D 的一条路径或通路。

定义 B-4（回路） 设 P 是有向图 D 的一条路径，$P = n_{i_0}$，n_{i_1}，$\cdots$，n_{i_k}，如果 $n_{i_0} = n_{i_k}$，则称 P 是 D 的一条回路，即开始和终结于同一顶点的通路。如果 $k = 0$，则 P 称为自回路。若 P 是无向图 G 的一条路径，$P = n_{i_0}$，n_{i_1}，$\cdots$，n_{i_k}，$n_{i_0} = n_{i_k}$，且 $k > 0$，那么，称 P 是 G 的一条回路。若图中无任何回路，则称该图为无回路图。

B.2 树

定义 B-5（树） 一个无回路的无向图称为森林。一个无回路的连通无向图称为树（或自由树）。如果树中有一个节点被特别地标记为根节点，那么这棵树称为根树。

从逻辑结构上讲，树是包含 n 个节点的有穷集合 S（$n > 0$），且在 S 上定义了一格关系 R，R 满足以下三个条件：

（1）有且仅有一个节点 $t_0 \in S$，该节点对于 R 来说没有前驱，节点 t_0 称作树根；

（2）除了节点 t_0 以外，S 中的每个节点对于 R 来说，都有且仅有一个直接前驱；

（3）除了节点 t_0 以外的任何节点 $t \in S$，都存在一个节点序列 t_0，t_1，$\cdots$，t_k，使得 t_0 为树的根，$t_k = t$，有序对 $\langle t_{i-1}, t_i \rangle \in R$（$1 \leqslant i \leqslant k$），则该节点序列称为从根节点 t_0 到节点 t 的一条路径。

在根树中，自上而下的路径末端节点称为树的叶节点，介于根节点和叶节点之间的节点称为中间节点（或称内节点）。

在图 B-1 所示的例子中，A 为根节点，C、D、E 为叶节点，B 为中间节点，A 为 B、C 节点的父节点，B、C 称为 A 节点的子节点或后裔，D、E 互为兄弟节点，它们都是 B 节点的子节点。

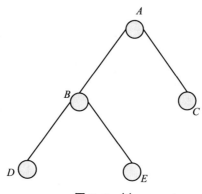

图 B.1　树

B.3　符号串

定义 B-6（符号集）符号集 $\sum$ 是符号元素的非空有穷集合。典型的符号有字母、数字、各种标点符号和各种运算符。

例如，集合 $\{a, b, c, +, *\}$ 是一个含有 5 个符号的符号集，而符号集 $\{0, 1\}$ 只有两个符号。

定义 B-7（符号串）由符号集 $\sum$ 中 0 个或多个符号相连而成的有穷序列称为 $\sum$ 上的符号串。特殊地，不包括任何符号的符号串称为空串，记作 ε。包括空串在内的 $\sum$ 上符号串的全体记为 $\sum^*$。

例如，有符号集 $\{a, b, c, +, *\}$，则 $a, b, c, +, *, aa, ab, a+, a*, aaa, c+*$ 等都是该符号集上的符号串。

定义 B-8（符号串的长度）若 x 是符号集 $\sum$ 上的符号串，那么，其长度指 x 中所含符号的个数，记为 $|x|$。

例如：$|abc| = 3$，$|abc + * abc| = 8$，而 $|\varepsilon| = 0$。

"连接"和"闭包"是符号串操作中的两种基本运算。

定义 B-9（符号串的连接）假定 x，y 是符号集 $\sum$ 上的符号串，则把 y 的各个符号依次写在 x 符号串之后得到的符号串称为 x 与 y 的连接，记作 xy。

例如：$\sum = \{a, b, c\}$，$x = abc$，$y = cba$，那么，$xy = abccba$。

如果 x 是符号串，把 x 自身连接 $n(n \geqslant 0)$ 次得到的符号串 $z = \overbrace{xx\cdots x}^{n}$，称为 x 的 n 次方幂，记作 x^n。当 $n = 0$ 时，$x^0 = \varepsilon$。当 $n \geqslant 1$ 时，$x^n = xx^{n-1} = x^{n-1}x$。

定义 B-10（集合的乘积运算）设 A，B 是符号集 $\sum$ 上的两个符号串

集合，则 A 和 B 的乘积定义为

$$AB = \{xy \mid x \in A,\ y \in B\} \tag{B-1}$$

式中：$A^0 = \{\varepsilon\}$。当 $n \geqslant 1$ 时，$A^n = A^{n-1}A = AA^{n-1}$。

定义 B-11（集合的闭包运算） 设 V 是符号集 $\sum$ 上的一个符号串集合，则 V 的正闭包定义为

$$V^+ = V^1 \cup V^2 \cup \cdots \cup V^n \cup \cdots \tag{B-2}$$

V 的闭包定义为

$$V^* = V^0 \cup V^+ \tag{B-3}$$

例如：$V = \{a,\ b\}$，则

$V^+ = \{a,\ b,\ aa,\ ab,\ ba,\ bb,\ aaa,\ aab,\ \cdots\}$

$V^* = \{\varepsilon,\ a,\ b,\ aa,\ ab,\ ba,\ bb,\ aaa,\ aab,\ \cdots\}$

附录 C 概率统计的一些预备知识

C.1 概率

概率（Probability）是从随机试验 E 中的事件到实数域的映射函数，用以表示事件发生的可能性。如果用 $P(A)$ 作为事件 A 的概率，S 是试验的样本空间，则概率函数必须满足如下三条公理：

公理 C-1（非负性） $0 \leqslant P(A) \leqslant 1$

公理 C-2（规范性） $P(S) = 1$

公理 C-3（可列可加性）   如果事件 A_1，A_2，$\cdots$，A_m，$\cdots$ 两两互斥，即对于任意的 i 和 j（$i \neq j$），事件 A_i 和 A_j 不相交（$A_i \cap A_j = \varnothing$），则有

$$P(A_1 \cup A_2 \cup \cdots \cup A_m \cup \cdots) = P(A_1) + P(A_2) + \cdots + P(A_m) + \cdots$$

$$(C-1)$$

C.2 最大似然估计

如果 $S = \{s_1, s_2, \cdots, s_n\}$ 是一个随机试验 E 的样本空间，在相同的情况下重复试验 N 次，观察到样本 $s_k(1 \leqslant k \leqslant n)$ 的次数为 $n_N(s_k)$，那么，s_k 在这 N 次试验中的相对频率为

$$q_N(s_k) = \frac{n_N(s_k)}{N}$$

$$(C-2)$$

由于 $\sum_{k=1}^{n} n_N(s_k) = N$ ，因此，$\sum_{k=1}^{n} q_N(s_k) - 1$ 。

当 N 越来越大时，相对频率 $q_N(s)$ 就越来越接近 s_k 的概率 $P(s_k)$ 。事实上，有

$$\lim_{N \to \infty} q_N(s_k) = P(s_k) \qquad (C-3)$$

因此，通常用相对频率作为概率的估计值，这种估计概率值的方法称为最大似然估计（Likelihood Estimation）。

C.3 条件概率

如果 A 和 B 是样本空间 S 上的两个事件，$P(B) > 0$，那么，在给定 B 时 A 的条件概率（Conditional Probability）$P(A \mid B)$ 为

$$P(A \mid B) = \frac{P(AB)}{P(B)} \qquad (C-4)$$

条件概率 $P(A \mid B)$ 给出了在已知事件 B 发生的情况下，事件 A 的概率。一般地，$P(A \mid B) \neq P(A)$，$P(AB)$ 即为 $P(A \cap B)$ 。

根据式（C-4），有

$$P(AB) = P(B) P(A \mid B) = P(A) P(B \mid A) \qquad (C-5)$$

这个等式有时称为概率的乘法定理或乘法规则，其一般形式表示为

$$P(A_1 A_2 \cdots A_n) = P(A_1) P(A_2 \mid A_1) P(A_3 \mid A_1 A_2) \cdots P(A_n \mid A_1 A_2 \cdots A_{n-1})$$

$$(C-6)$$

条件概率也有三个基本性质：

（1）非负性：$P(A \mid B) \geqslant 0$

（2）规范性：$P(S \mid B) = 1$

（3）可列可加性：如果事件 A_1，A_2，$\cdots$，A_m，$\cdots$ 两两互斥，则有

$$P(A_1 \cup A_2 \cup \cdots \cup A_m \cup \cdots \mid B) = P(A_1 \mid B) + P(A_2 \mid B) + \cdots + P(A_m \mid B) + \cdots$$

$$(C-7)$$

C.4　贝叶斯公式

贝叶斯公式，或称逆概率公式，是条件概率计算的重要依据。实际上，根据条件概率的定义式（C-4）和乘法规则式（C-5），可得

$$P(A \mid B) = \frac{P(AB)}{P(B)} = \frac{P(A) P(B \mid A)}{P(B)} \qquad (C-8)$$

式（C-8）右边的分母可以看作一个常量，因为我们只关心在给定事件 B 的情况下可能发生事件 A 的概率，$P(B)$ 的值是确定不变的，下面给出它的计算方法。

定理 C-1（全概率公式）　如果事件 A_1，A_2，$\cdots$，A_n 满足：

（1）A_1，A_2，$\cdots$，A_n 两两互斥，且 $P(A_i) > 0$，$(i = 1$，2，$\cdots$，$n)$；

（2）$A_1 \cup A_2 \cup \cdots \cup A_n = S$（完全性）

则对任何事件 B 有

$$P(B) = \sum_{i=1}^{n} P(A_i) P(B \mid A_i) \qquad (C-9)$$

由定理 C-1，可以修改式（C-8），进而给出贝叶斯公式。

定理 C-2（贝叶斯公式）　设事件 A_1，A_2，$\cdots$，A_n 满足定理 C-1 的条件，则对任何事件 B，当 $P(B) > 0$ 时，有

$$P(A_j \mid B) = \frac{P(A_j) P(B \mid A_j)}{\sum_{i=1}^{n} P(A_i) P(B \mid A_i)} \qquad (C-10)$$

其中：i，$j = 1$，2，3，$\cdots$，n。

C.5　随机变量

一个随机试验可能有多种不同的结果，到底会出现哪一种，存在一定的概率。简单地说，随机变量（Random Variable）就是试验结果的函数。

设离散型随机变量 X 的所有可能值为 x_k ，$k = 1$，2，3，$\cdots$，n，$\cdots$，X 取各可能值的概率为

$$P[X = x_k] = p_k ，k = 1，2，3，\cdots，n，\cdots \tag{C-11}$$

且 p_k 满足 $p_k \geqslant 0$（非负性）与 $\sum\limits_{k=1}^{\infty} p_k = 1$（归一性），则称式（C-11）为离散型随机变量 X 的概率分布或分布律（也称分布列，分布密度）。此时，函数

$$F(x) = P[X \leqslant x] ，-\infty < x < \infty \tag{C-12}$$

称为 X 的分布函数。

C.6 二项式分布

有一类广泛存在的试验，其特点是只有对立的两个结果，即试验 E 的样本空间只有两个基本事件 A 与 $\bar{A}$ ，称为伯努利试验。将伯努利试验独立重复进行 n 次，则称 n 重伯努利试验，这里所谓"重复"是指每次试验条件相同，事件 A 发生的概率 $P(A) = p$ 保持不变。

一般，如果离散型随机变量 X 的分布律为

$$p[X = k] = C_n^k p^k q^{n-k} ，k = 1，2，3，\cdots，n \ (0 < p < 1) \tag{C-13}$$

则称 X 服从参数是 n，p 的二项式分布（Binomial Distribution），并记成 $X \sim B(n, p)$ 。在 n 重伯努利试验中，若 $P(A) = p$ ，则 A 发生的次数 X 服从参数是 n，p 的二项式分布。

二项式分布是最重要的离散型概率分布之一。例如，在图像处理中如果以局部特征为处理单位，为了简化问题的复杂性，通常假设一个局部特征的出现独立于其他局部特征，这样以来，局部特征的概率分布就近似地被认为符合二项式分布。

C.7　联合概率分布和条件概率分布

若二维随机变量 (X, Y) 所有可能取值 (x, y) 只有有限个或可列多个，则称 (X, Y) 为二维离散型随机变量，其联合概率分布（Joint Distribution）为

$$p_{ij} = P[X = x_i, Y = y_j]，i, j = 1, 2, 3, \cdots \tag{C-14}$$

考虑分量 X 在给定 $Y = y_j$ 条件下的概率分布，实际上就是求条件概率

$$P[X = x_i \mid Y = y_j] = \frac{P[X = x_i, Y = y_j]}{P[Y = y_j]} = \frac{p_{ij}}{P[Y = y_j]} = \frac{p_{ij}}{\sum\limits_{i=1}^{\infty} p_{ij}}$$

$$\tag{C-15}$$

其中：$P[Y = y_j] = \sum\limits_{i=1}^{\infty} p_{ij}$ 是 (X, Y) 关于 Y 的边缘分布律。

类似地，在 $X = x_i$ 条件下，分量 Y 的条件分布律为

$$P[Y = y_j \mid X = x_i] = \frac{p_{ij}}{\sum\limits_{j=1}^{\infty} p_{ij}} \tag{C-16}$$

其中，$P[X = x_i] = \sum\limits_{j=1}^{\infty} p_{ij}$ 是 (X, Y) 关于 X 的边缘分布律。

C.8　贝叶斯决策理论

贝叶斯决策理论（Bayesian Decision Theory）是统计方法处理模式分类问题的基本理论之一。假设研究的分类问题有 N 个类别，每个类别 ω_i（$i = 1, 2, \cdots, N$）出现的先验概率为 $P(\omega_i)$。在特征空间已经观察到某个特定的模式 x，且条件概率密度函数 $p(x \mid \omega_i)$ 是已知的。那么，利用贝叶斯公式可以得到后验概率为

$$P(\omega_i \mid x) = \frac{p(x \mid \omega_i) P(\omega_i)}{\sum_{j=1}^{n} p(x \mid \omega_j) P(\omega_j)} \qquad (C-17)$$

基于最小错误率的贝叶斯决策规则为：如果 $P(\omega_i \mid x) = \max\limits_{j=1, 2, \cdots, N} P(\omega_j \mid x)$，也就是说，如果 $p(x \mid \omega_i) P(\omega_i) = \max\limits_{j=1, 2, \cdots, N} p(x \mid \omega_j) P(\omega_j)$，那么将模式 x 赋予类 ω_i，即 $x \in \omega_i$。

上述理论中，每个类的出现概率以模式的条件概率密度函数必须是已知的。前者的获取通常并不构成问题，比如，当所有类的出现概率大致相同，则可令 $P(\omega_i) = 1/N$，即使这个条件不正确，也可以通过对问题的认识推算出这些先验概率。而后者的估计就是另一回事了，如果模式向量 x 是 n 维的，那么 $p(x \mid \omega_i)$ 就是一个 n 元函数，如果它的形式是未知的，就需要使用多元概率理论的方法对它进行估计。这类方法在实际应用中非常困难，尤其是代表每个类别的模式数目不大，或隐含的概率密度函数形式的规律性不强时更是如此。由于这些原因，贝叶斯决策理论在实际应用中通常要假设各种概率密度函数的解析式，以及从每类样本模式估计的必要参数。目前，对 $p(x \mid \omega_i)$ 的最为普遍的假设形式是高斯概率密度函数[153]。

C.9 期望和方差

期望值（Expectation）是指随机变量所取的概率平均。假设 X 为一个随机变量，其概率分布为 $P[X = x_k] = p_k$，$k = 1, 2, 3, \cdots, n$，若级数 $\sum\limits_{k=1}^{\infty} x_k p_k$ 绝对收敛，则称级数 $\sum\limits_{k=1}^{\infty} x_k p_k$ 为随机变量 X 的数学期望或均值，记作 $E(X)$，即

$$E(X) = \sum_{k=1}^{\infty} x_k p_k \qquad (C-18)$$

一个随机变量的方差（Variance）描述的是该随机变量的值偏离其期

望值的程度。设 X 为一个随机变量，那么它的方差为

$$D(X) = E\ [X - E(X)\ ]^2 = E(X^2) - E^2(X) \qquad (\text{C-19})$$

称 $D(X)$ 的正方根 $\sqrt{D(X)}$ 为随机变量 X 的标准差或均方差，记为

$$\sigma(X) = \sqrt{D(X)} \qquad (\text{C-20})$$

$\sigma(X)$ 也描述随机变量 X 取值的离散程度，可简记为 σ，$D(X)$ 也可简记为 σ^2。

附录 D　名词术语解释

本附录旨在使读者避免对常用词和本书所使用的专业化词汇产生混淆，方便读者对本书的阅读和理解。下述解释同后面参考文献中所列的已经出版的图像处理和计算机技术方面的书籍中对有关词汇的定义大体一致，但不一定都是本领域的标准化定义，敬请注意。

10-Fold Cross-Validation　十折交叉验证　常用的精度测试方法，将数据集分成 10 份，轮流将其中 9 份做训练，1 份做测试，10 次结果的均值作为对算法精度的估计。

Maximum Likelihood Estimate　极大似然估计　在已知某个随机样本满足某种概率分布，但是其中具体的参数不清楚，参数估计通过若干次实验，观察其结果，利用结果推出参数的大概值。

Maximum a Posteriori　最大后验概率　根据经验数据获得对难以观察的量的点估计。

Entropy　熵　指的是体系的混乱程度。

Principal Component Analysis　主成分分析　将 n 维特征映射到 k 维上（$k<n$），这 k 维是全新的正交特征。

Independent Components Analysis　独立成分分析　一种利用统计原理进行计算的方法它是一个线性变换，这个变换把数据或信号分离成统计独立的非高斯的信号源的线性组合。

Ensemble Method　集成方法　将不同的分类器组合起来。

Singular Value Decomposition　奇异值分解　是线性代数中一种重要

的矩阵分解，是矩阵分析中正规矩阵酉对角化的推广。

Support Vector Machine　支持向量机　求解最优的分类面，然后用于分类。

Kernel Method　核方法　在低维空间中不能线性分割的点集，通过转化为高维空间中的点集时，很有可能变为线性可分的。

Bootstrap Aggregation Bagging　每个个体分类器所采用的训练样本都是从训练集中按等概率抽取的。

Boosting　将个体子网分类错误的训练样本的权重提高，降低分类错误的样本权重，依据修改后的样本权重来生成新的训练样本空间，并用来训练下一个个体分类器。

Decision Tree　决策树　在已知各种情况发生概率的基础上，通过构成决策树来求取净现值的期望值大于等于零的概率，评价项目风险，判断其可行性的决策分析方法。

Linear Regression　线性回归　利用数理统计中的回归分析，来确定两种或两种以上变量间相互依赖的定量关系的一种统计分析方法。

Ridge Regression　岭回归　专用于共线性数据分析的有偏估计回归方法，实质上是一种改良的最小二乘估计法，通过放弃最小二乘法的无偏性，以损失部分信息、降低精度为代价，获得回归系数更为符合实际、更可靠的回归方法。

Logistic Regression　逻辑回归　最基本的学习算法是最大似然。

Regularization　正则化　是为了解决 overfitting 问题而引入的一种方法。

Deep Learning　深度学习　概念源于人工神经网络的研究。含多隐层的多层感知器就是一种深度学习结构。

Supervised Learning　监督学习　输入数据称为"训练数据"，每组训练数据有一个明确的标识或结果。

Unsupervised Learning　非监督式学习　数据并不被特别标识，学习模型是为了推断出数据的一些内在结构。

Semi-Supervised Learning　半监督式学习　输入数据部分被标识，部分没有被标识，这种学习模型可以用来进行预测，但是模型首先需要学习数据的内在结构，以便合理地组织数据来进行预测。

Low Rank　低秩　矩阵中的秩比较小。

Expectation Maximization Algorithm　最大期望算法　在概率（probabilistic）模型中寻找参数最大似然估计或者最大后验估计的算法，其中概率模型依赖于无法观测的隐藏变量（Latent Variable）。

Stochastic Gradient Descent　随机梯度下降　随机和优化相结合的产物，是一种很神奇的优化方法，属于梯度下降的一种，适用于大规模的问题。

Active Contour Model　主动轮廓模型　被称为 Snake，是由 Andrew Blake 教授提出的一种目标轮廓描述方法，主要应用于基于形状的目标分割。

Artificial Neural Networks　人工神经网络　简称神经网络（NNs）或称作连接模型（Connection Model），是一种模仿动物神经网络行为特征，进行分布式并行信息处理的模型。

Binary Image　二值图像　只有两级灰度的数字图像（通常为 0 和 1，黑和白）。

Boundary Chain Code　边界链码　定义一个物体边界的方向序列。

Boundary Pixel　边界像素　至少和一个背景像素相邻接的内部像素。

Boundary Tracking　边界跟踪　一种图像分割技术，通过沿弧从一个像素顺序探索到下一个像素的方法将弧检测出来。

Brightness　亮度　和图像一个点相关的值，表示从该点的物体发射或反射的光的量。

Cluster　聚类，集群　在空间（如特征空间）中位置接近的点的集合。

Clusteranalysis　聚类分析　在空间中对聚类的检测、度量和描述。

Computer-Assisted Diagnosis　计算机辅助诊断　英文简称 CAD，是指通过影像学、医学图像处理技术以及其他可能的生理、生化手段，结合计算机的分析计算，辅助影像科医师发现病灶，提高诊断的准确率。

Contrast　对比度　物体平均亮度（或灰度）与其周围背景的差别程度。

Curve　曲线　①空间的一条连续路径；②表示一路径的像素集合。

Degree of Freedom　自由度　能够自由取值的变量个数，如有 3 个变量 x、y、z，但限制条件为 $x + y + z = 18$，因此其自由度为 2。

Digital Image　数字图像　见附录 A.1。

Digital Image Processing　数字图像处理　对图像的数字化处理；由计算机对图像信息进行操作。

Digitization　数字化　将景物图像转化为数字形式的过程。

Edge　边缘　①在图像中灰度出现突变的区域；②属于一段弧上的像素集，在其另一边的像素与其有明显的灰度差别。

Edge Detection　边缘检测　通过检查邻域，将边缘像素标识出的一种图像分割技术。

Edge Enhancement　边缘增强　通过将边缘两边像素的对比度扩大来锐化图像边缘的一种图像处理技术。

Enhance　增强　增加对比度或主观可视程度。

Facerecognition　人脸识别　指利用分析比较人脸视觉特征信息进行身份鉴别的计算机技术。

False Negative　负误识　在二分类模式识别中，将属于目标标注为不属于目标的误分类。

False Positive　正误识　在二分类模式识别中，将不属于目标标注为属于目标的误分类。

Feature　特征　物体的一种特性，它可以度量。

Feature Extraction　特征检测　模式识别过程中的一个步骤，在该步骤中计算物体的有关度量。

Feature Selection　特征选择　对原始特征进行筛选，舍弃那些对类别区分并无多大贡献的特征，使得最终的特征空间能够反映分类的本质。

Feature Space　特征空间　即度量空间，在模式识别中，包含所有可能度量向量的 n 维向量空间。

Fourier Transform　傅里叶变换　采用复指数 $e^{-j2\pi sx} = \cos(2\pi sx) + j\sin(2\pi sx)$ 作为核函数的一种线性变换。

Geometric Correction　几何校正　采用几何变换消除几何畸变的一种图像复原技术。

Gray Level　灰度级　①和数字图像的像素相关联的值，它表示由该像素的原始景物点的亮度；②在某像素位置对图像的局部性质的数字化度量。

Gray Scale　灰度　在数字图像中所有可能灰度级的集合。

Gray-Scale Transformation　灰度变换　在点运算中的一种函数，它建立了输入灰度和对应输出灰度的关系。

Image　图像　对物理景物或其他图像的统一表示。

Image Compression　图像压缩　消除图像冗余或对图像近似的一种过程，其目的是让图像以更紧凑的形式表示。

Image Coding　图像编码　将图像变换成另一个可恢复的形式（如压缩）。

Image Enhancement　图像增强　旨在提高图像视觉外观的处理方法。

Image Matching　图像匹配　为决定两幅图像相似程度对它们进行量化比较的过程。

Image-Processing Operation　图像处理运算　将输入图像变换为输出图像的一系列步骤。

Image Reconstruction　图像重构　从非图像形式构造或恢复图像的

过程。

Image Registration　图像配准　通过将同一景物的一幅图像和另一幅图像进行几何运算，以使其中物体对准的过程。

Image Restoration　图像恢复　通过逆图像退化的方法将图像恢复为原始状态的过程。

Image Segmentation　图像分割　①在图像中检测并勾画出感兴趣物体的处理；②将图像分为不相连的区域，通常这些区域对应于物体以及物体所处的背景。

Information Retrieval　信息检索　指将信息按一定的方式组织起来，并根据信息用户的需要找出有关的信息过程和技术。

Information Theory　信息论　关于信息量度量和信息编码、信号处理和分析的科学理论。

Interior Pixel　内像素　在一幅二值图像中，处于物体内部的像素（相对于边界像素、外像素）。

Line Detection　线检测　通过检查邻域将直线像素标识出来的一种图像分割技术。

Local Property　局部特性　在图像中随位置变化的感兴趣的特性（如光学图像的亮度或颜色，非光学图像的高度、温度和密度等）。

Magnetic Resonance Imaging　磁共振成像　又称核磁共振成像术，英文简称 MRI。利用人体组织中氢原子核（质子）在磁场中受到射频脉冲的激励而发生核磁共振现象，产生磁共振信号，经过电子计算机处理，重建出人体某一层面的图像的成像技术。

Misclassification　误分类　在模式识别中，将目标错误地标识为其他类别。

Multispectral Image　多光谱图像　同一景物的一组图像，每一幅是由电磁谱的不同波段辐射产生的。

Neighborhood　邻域　在给定像素附近的一个像素集合。

Neighborhood Operation　邻域运算　基于输入像素的一个邻域的像素灰度决定该像素输出灰度的图像处理运算。

Noise　噪声　一幅图像中阻碍感兴趣数据的识别和解释的不相关部分。

Object　目标，物体　在模式识别中，处于一幅二值图像中的相连像素的集合，通常对应于该图像所表示景物中的一个物体。

Pattern　模式　一个类的成员所表现出的共有的有意义的规则性，可以度量并可用于对感兴趣的目标进行分类。

Pattern Class　模式类　可预先赋予一个目标的相互不包容的任一个类别标签。

Pattern Classification　模式分类　将目标赋予模式类的过程。

Pattern Recognition　模式识别　自动或半自动地检测、度量、分类目标物体。

Perimeter　周长　围绕一个物体的边界的周边距离。

Picture Element　图像元素，像素　数字图像的最小基本组成单位。

Pixel　像素　图像元素（picture element）的缩写。

Quantization　量化　在每个像素处，将图像的局部特性赋予一个灰度集合中的元素的过程。

Region　区域　一幅图像中的相连子集。

Region Growing　区域生长，区域增长　通过反复对具有相似灰度或纹理的相邻子区域求并集生成区域的一种图像分割技术。

Registered Images　已配准图像　同一景物的两幅（或以上）图像已相互调准好位置，从而使其中的物体具有相同的图像位置。

Resolution　分辨率　①在光学中指可分辨的点物体之间最小的分离距离；②在图像处理中，指图像中相邻的点物体能够被分辨出的程度。

Scene　场景　客观物体的一种特色布局。

Sharp　清晰　关于图像细节的易分辨性。

Sharpening　锐化　用以增强图像细节的一种图像处理技术。

Smoothing　平滑　降低图像细节幅度的一种图像处理技术，通常用于降噪。

Statistical Pattern Recognition　统计模式识别　基于概率统计理论，将目标赋予模式类的一种模式识别方法。

Structural Pattern Recognition　结构模式识别　为描述和分类目标，将目标表示为基元及其相互关系的一种模式识别方法。

Syntactic Pattern Recognition　句法模式识别　采用自然或人工语言模式定义基元及相互关系的一种结构模式识别方法。

Syntheticaperture Radar　合成孔径雷达　是一种高分辨率的二维微波对地成像系统，能够全天候工作，有效地识别伪装和穿透掩盖物。

System　系统　对输入作出响应，并生成输出。

Texture　纹理　在图像处理中，表示图像中灰度幅度及其局部变化的空间组织的一种属性。

Threshold　阈值　用以产生二值图像的一个特定的灰度（临界值）。

Thresholding　二值化　由灰度图像产生二值图像的过程，一般如果输入像素的灰度值大于给定的阈值则输出像素赋值为 1，否则赋值为 0。

Virtual Reality　虚拟现实　又称灵境技术或人工环境，英文简称 VR。是利用电脑产生一个三维空间的虚拟世界，提供使用者关于视觉、听觉、触觉等感官的模拟，让使用者如同身历其境一般。

参考文献

［1］ Pritch Y, Rav-Ach A, Peleg S. Nonchronological video synopsis and indexing［J］. IEEE Transactions on Pattern Analysis and Machine Intelligence,2008,30(11):1971-1984.

［2］ Collins R T, Lipton A J, Kanade T, et al. A system for video surveillance and monitoring ［M］,2000.

［3］ Johnson A Y, Sun J, Bobick A F. Predicting large population data cumulative match characteristic performance from small population data［C］. International Conference on Audio and Video Based Biometric Person Authenticatio,2003:821-829.

［4］ Haritaoglu I, Harwood D, Davis L S. W4:real-time surveillance of people and their activities［J］. IEEE Transactions on Pattern Analysis and Machine Intelligence,2000, 22 (8):809-830.

［5］ Petrovic N, Jojic N, Huang T. Adaptive video fast forward［J］. IEEE Transaction on Vehcular Technology,1991,40(1):21-29.

［6］ Wolf W, Ozer B, Lv T. Smart cameras as embedded system［J］. Computer,2002,35(9): 48-53.

［7］ Gilmore J F, Garren D. Airborne video surveillanc［C］. SPIE Proceedings of Automatic Target Recognition,1998:2-10.

［8］ Wren C, Azarbayejani A, Darrell D, et al. Pfinder:Real-time tracking of the human body ［J］. IEEE Transactions on Pattern Analysis and Machine Intelligence, 1997, 19(7): 780-785.

［9］ Anderson D, Luke R H, Keller J M, et al. Linguistic summarization of video for fall detection using voxel person and fuzzy logic［J］. Computer Vision and Image Understanding,2009,113(1):80-89.

［10］ Nasution A H,Emmanuel S. Intelligent video surveillance for monitoring elderly in home environments ［C］. Multimedia Signal Processing,2007:203－206.

［11］ Niebles J C,Li E F. A hierarchical model of shape and appearance for human action classification ［C］. In Computer Vision and Pattern Recognition,2007:1－8.

［12］ Jager M,Knoll C,Hamprecht F A. Weakly supervised learning of a classifier for unusual event detection ［J］. IEEE Transactions on Image Processing,2008,17(9):1700－1708.

［13］ Kratz L,Nishino K. Anomaly detection in extremely crowded scenes using spatio-temporal motion pattern models ［C］. IEEE Conference on Computer Vision and Pattern Recognition,2009.

［14］ Wang B,Ye M,Li M,et al. Abnormal crowd behavior detection using high-frequency and spatio-temporal features ［J］. Machine Vision and Applications,2012,23(3):1－11.

［15］ Li J,Gong S,Xiang T. Global behaviour inference using probabilistic latent semantic analysis ［C］. In British Machine Vision Conference,2008:193－202.

［16］ Mehran R,Oyama A,Shah M. Abnormal crowd behavior detection using social force model ［C］.IEEE Conference on Computer Vision and Pattern Recognition,2009.

［17］ Wu S,Moore B E,Shah M. Chaotic invariants of lagrangian particle trajectories for anomaly detection in crowded scenes ［C］. IEEE Conference on Computer Vision and Pattern Recognition,2010.

［18］ Mehran R,Moore B,Shah M. A streakline representation of flow in crowded scenes ［C］. European Conference on Computer Vision,2010.

［19］ Raghavendra R,Alessio D B,Macro C,et al. Optimizing interaction force for global anomaly detection in crowded scenes ［C］. International Conference on Computer Vision, Workshops,2011.

［20］ Adam A,Rivlin E,Shimshoni I,et al. Robust real-time unusual event detection using multiple fixed-location monitors ［J］. IEEE Transactions on Pattern Analysis and Machine Intelligence,2008,30:555－560.

［21］ W. Hu,Xiao X,Fu Z,et al. A system for learning statistical motion patterns ［J］. IEEE Transactions on Pattern Analysis and Machine Intelligence,2006,28(9):1450－1464.

［22］ Xu J,Denman S,Sridharan S,et al. Activity analysis in complicated scenes using dft coefficients of particle trajectories [C]. AVSS,2012:82-87.

[23] Zhong H,Shi J,Visontai M. Detecting unusual activity in video [C]. Computer Vision and Pattern Recognition,2004:819-826.

[24] Zhang D,Gatica-perez D,Bengio S, et al. Semi-supervised adapted hmms for unusual event detection [C]. Computer Vision and Pattern Recognition,2005:611-618.

[25] Xiang T,Gong S. Video behavior profiling for anomaly detection [J]. IEEE Transactions on Pattern Analysis and Machine Intelligence,2008,30(5):893 - 908.

[26] Xiang T,Gong S. Incremental and adaptive abnormal behaviour detection [J]. Computer Vision and Image Understanding,2008,111(1):59-73.

[27] Zou X,Bhanu B. Anomalous activity classification in the distributed camera network [C]. Image Processing,IEEE International Conference,2008:781-784.

[28] Reddy V,Sanderson C,Lovell B C. Improved anomaly detection in crowded scenes via cell-based analysis of foreground speed,size and texture [C]. Computer Vision and Pattern Recognition,2011:55-61.

[29] Ryan D,Denman S,Fookes C,et al. Textures of optical flow for real-time anomaly detection in crowds [C]. Advanced Video and Signal Based Surveillance,2011:230-235.

[30] Yang C,Yuan J S,Liu J. Sparse reconstruction cost for abnormal event detection [C]. IEEE Conference on Computer Vision and Pattern Recognition,2011.

[31] Zhang Y,LIU Z J. Irregular behavior recognition based on treading track [C]. International Conference on Wavelet Analysis and Pattern Recognition,2007:1322-1326.

[32] Benezeth Y,Jodoin P,Saligrama V,et al. Abnormal events detection based on spatio-temporal co-occurences [C]. Computer Vision and Pattern Recognition,2009:2458-2465.

[33] Hu D H,Zhang X X,Yin J,et al. Abnormal activity recognition based on hdp-hmm models [C]. International Joint Conference on Artificial Intelligence,2009:1715-1720.

[34] Mecocci A,Pannozzo M,Fumarola A. Automatic detection of anomalous behavioural events for advanced real-time video surveillance [C]. IEEEInternational Conference on Computational Intelligence for Measurement Systems and Applications,2003:187-192.

[35] Makris D,Ellis T. Learning semantic scene models from observing activity in visual surveillance [J]. IEEE Transactions on Systems, Man, and Cybernetics, 2005, 35 (3):

397-408.

[36] Calderara S, Cucchiara R, Prati A. Detection of abnormal behaviors using a mixture of von mises distributions [C]. Advanced Video and Signal Based Surveillance, 2007:141-146.

[37] Piciarelli C, Foresti G L. Surveillance-oriented event detection in video streams [J]. IEEE Expert/IEEE Intelligent Systems, 2011, 26(3):32-41.

[38] Varadarajan J, Odobez J M. Topic models for scene analysis andabnormality detection [C]. International Conference on Computer Vision Workshops, 2009:1338-1345.

[39] Lv F, Nevatia R. Single view human action recognition using key pose matching and viterbi path searching [C]. Computer Vision and Pattern Recognition, 2007:1-8.

[40] Zhou H, Kimber D. Unusual event detection via multi-camera video mining [C]. International Conference on Pattern Recognition, 2006:1161-1166.

[41] Hung Y X, Chiang C Y, Hsu S J, et al. Abnormality detection for improving elder's daily life independent [C]. ICOST, 2010:186-194.

[42] Fu Z, Hu W, Tan T. Similarity based vehicle trajectory clustering and anomaly detection [C]. IEEE International Conference Image Processing, 2005:602-605.

[43] P. -M. Iulian and L. Carin. Infinite hidden markov models for unusual-event detection in video. IEEE Transactions on Image Processing, 2008, 17(5):811-822.

[44] Wang X, Ma X, Eric W, et al. Unsupervised activity perception in crowded and complicated scenes using hierarchical bayesian models [J]. IEEE Transactions on Pattern Analysis and Machine Intelligence, 2009, 31(3):539-555.

[45] Blei D M, Ng A Y, Jordan M I. Latent dirichlet allocation [J]. Journal of Machine Learning Research, 1981, 34(1):993-1022.

[46] Zhao B, Li F F, Xing E P. Online detection of unusual events in videos via dynamic sparse coding [C]. IEEE Conference on Computer Vision and Pattern Recognition, 2011:3313-3320.

[47] Xu J, Denman S, Sridharan S, et al. Dynamic texture reconstruction from sparse codes for unusual event detection in crowded scenes [C]. ACM workshop on Modeling and representing events, 2011:25-30.

[48] Wang T, Mei T, Hua X S, et al. Video collage:A novel presentation of video sequence

〔C〕. In Proceedings of IEEE International Conference on Multimedia and Expo, 2007: 439-447.

[49] Correa C D, Ma K L. Dynamic video narratives [J]. ACM Transactions on Graphics, 2010, 29(3): 1-9.

[50] Yeo B L, Liu B. Rapid scene analysis on compressed video [J]. IEEE Transactions on Circuits and Systems for Video Technology, 1995, 5(6): 533-544.

[51] Petrovic N, Jojic N, Huang T. Adaptive video fast forward [J]. Multimedia Tools and Applications, 2005, 26(3): 327-344.

[52] Smith M A, Kanade T. Video skimming and characterization through the combination of image and language understanding [J]. Content-Based Access of Image and Video Databases, 1998: 61-70.

[53] Narasimha R, Savakis A, Rao R M, et al. A neural network approach to key frame extraction [C]. Proceeding of Storage and Retrieval Methods and Applications for Multimedia, 2003: 439-447.

[54] 许先斌, 陈勇华, 汪长城. 基于压缩域的关键帧快速提取方法[J]. 计算机工程与设计, 2005, 26(12): 3304-3307.

[55] Kang H W, Matsushita Y, Tang X, et al. Space-time video montage [C]. Computer Vision and Pattern Recognition, 2006: 1331-1338.

[56] Avidan S, Shamir A. Seam carving for content-aware image resizing [C]. ACM Transactions on Graphics, 2007, 26(3).

[57] Xu M, Li S Z, Li B, et al. A set theoretical method for video synopsis [C]. Multimedia Information Retrieval, 2008: 366-370.

[58] Rav-Ach A, Pritch Y, Peleg S. Making a long video short: Dynamic video synopsis [C]. IEEE Conference on Computer Vision and Pattern Recognition, 2006: 435-441.

[59] Pritch Y, Rav-Ach A, Peleg S. Webcam synopsis: Peeking around the world [C]. International Conference on Computer Vision, 2007: 1-8.

[60] Pritch Y, Ratovitch S, Hendel A, et al. Clustered synopsis of surveillance video [C]. IEEE International Conference on Advanced Video and Signal-Based Surveillance, 2009: 195-200.

［61］ Zhu X,Liu J,Wang J,et al. Key observation selection for effctive video synopsis ［C］. IEEE International Conference on Pattern Recognition,2012:2528-2531.

［62］ Feng S,Li S,Yi D,et al. Online content-aware video condensation ［C］. IEEE Conference on Computer Vision and Pattern Recognition,2012:2082-2087.

［63］ Rodriguez M D. Cram:Compact representation of actions in movies ［J］. Computer Vision and Pattern Recognition,2010:3328-3335.

［64］ Helbing D,Molnar P. Social force model for pedestrian dynamics ［J］. Physical Review, 1995,51(5):42-82.

［65］ Sand P,Teller S. Particle video:Long-range motion estimation using point trajectories ［J］. International Journal of Computer Vision,2008.

［66］ Zhu J,Xing E P. Sparse topical coding ［C］. UAI,2011.

［67］ Chan M T,Hoogs A,Schmiederer J,et al. Detecting rare events in video using semantic primitives with hmm ［C］. International Conference on Pattern Recognition,2004.

［68］ Dee H, Hogg D. Detecting inexplicable behavior ［C］. British MachineVision Conference,2004.

［69］ Peter H T,Sebastian T,Doretto G,et al. Unifid crowd segmentation ［C］. European Conference on Computer Vision,2008.

［70］ Ali S,Sha M. A lgrangian particle dynamics approach for crowd flow segmentation and stability anysis ［C］. IEEE Conference on Computer Vision and Pattern Recognition,2007.

［71］ Zhu X,Liu J,Wang J,et al. Anomaly detection in crowded scene via appearance and dynamics joint modeling ［C］. IEEE International Conference on Image Processing,2012: 2705-2708.

［72］ Helbing D,BuznaL L,Johansson A,et al. Self-organized pedestrian crowd dynamics:Experiments,simulations and design solutions ［J］. Transportation Science,2005,39(1): 1-24.

［73］ Helbing D. A mathematical model for the behavior of pedestrians ［J］. Behavioral Science,1991.

［74］ Lakoba T I,Kaup D J,Finkelstein N M. Modifiations of the helbing-moln ár-farkas-vicsek social force model for pedestrian evolution ［J］. Transactions of The Society for Modeling and Simulation International,2005,81(5):339-352.

[75] 章晋. 基于元胞自动机的城域混合交通流建模方法研究[D]. 杭州:浙江大学信息科学与工程学院,2004.

[76] 陈涛,应振根,申世飞. 相对速度影响下社会力模型的疏散模拟与分析[J]. 自然科学进展,2006,16(12):1606-1612.

[77] Fruin J J. Designing for pedestrians:A level of service concept [J]. Highway research Record,1971(355):1-15.

[78] Blue V J,Adler J L. Using cellular automata microsimulation to model pedestrian movements [J]. Transportation Research Record,1999,1678(1):135-141.

[79] Fu W,Wang J,Li Z,et al. Learning semantic motion patterns for dynamic scenes by improved sparse topical coding [C]. IEEE International Conference on Multimedia and Expo,2012.

[80] Sochman J,Hogg D C. Who knows who-inverting the social force model for fiding groups [C]. International Conference on Computer Vision. Workshops,2011.

[81] Ng A Y,Jordan M I,Weiss Y. On spectral clustering:Analysis and an algorithm [J]. Advances in Neural Information Processing Systems,2001:849-856.

[82] Brostow G,Cipolla R. Unsupervised bayesian detection of independent motion in crowds [C]. IEEE Conference on Computer Vision and Pattern Recognition,2006.

[83] Rabaud V,Belongie S. Counting crowded moving objects [C]. IEEE Conference on Computer Vision and Pattern Recognition,2006.

[84] Makihara Y,Sagawa R,Mukaigawa Y,et al. Gait recognition using a view transformation model in the frequency domain [C]. European Conference on Computer Vision,2006.

[85] Lischinski D. Graphics gems iv,chapter incremental delaunay triangulation [D]. In Academic Press,1994:72-77.

[86] Cui X,Liu Q,Gao M,et al Abnormal detection using interaction energy potentials [C]. IEEE Conference on Computer Vision and Pattern Recognition,2011:3161-3167.

[87] Antic B,Ommer B. Video parsing for abnormality detection [C]. IEEE International Conference on Computer Vision,2011:2415-2422.

[88] Kim J,Grauman K. Observe locally,infer globally:A space-time mrf for detecting

abnormal activities with incremental updates [C]. IEEE Conference on Computer Vision and Pattern Recognition,2009:2921-2928.

[89] Das Gupta M,Xiao J. Non-negative matrix factorization as a feature selection tool for maximum margin classifirs [C]. IEEE Conference on Computer Vision and Pattern Recognition,2011:2841-2848.

[90] Shirdhonkar S,Jacobs D W. Approximate earth mover's distance in linear time [C]. IEEE Conference on Computer Vision and Pattern Recognition,2008:23-28.

[91] Chandola V,Banerjee A,Kumar V. Anomaly detection:A survey [J]. ACM Computing Surveys,2009,41:1-58.

[92] Benezeth Y,Jodoin P,Saligrama V,et al. Abnormal events detection based on spatio-temporal co-occurences [C]. IEEE Conference on Computer Vision and Pattern Recognition, 2009:2458-2465.

[93] Zaharescu A,Wildes R. Anomalous behaviour detection using spatiotemporal oriented energies,subset inclusion histogram comparison and event-driven processin [C]. European Conference on Computer Vision,2010:563-576.

[94] Mahadevan V,Li W,Bhalodia V,et al. Anomaly detection in crowded scenes [C]. IEEE Conference on Computer Vision and Pattern Recognition,2010:1975-1981.

[95] Saligrama V,Chen Z. Video anomaly detection based on local statistical aggregates [C]. IEEE Conference on Computer Vision and Pattern Recognition,2012:2112-2119.

[96] Zhu X,Liu J,Wang J,et al. Weighted interaction force estimation for abnormality detection in crowd scenes [C]. Asian Conference on Computer Vision,2012:507-518.

[97] Lee D D,Seung H S. Learning the parts of objects by nonnegative matrix factorization [J]. Nature,1999,401:788-791.

[98] Zhang H,Zhang Y,Huang T S. Simultaneous discriminative projection and dictionary learning for sparse representation based classifiation [J]. Pattern Recognition,2013,46: 346-354.

[99] Li Y,Ngom A. Supervised dictionary learning via non-negative matrix factorization for classifiation [C]. IEEE Conference on Machine Learning and Applications,2012: 439-443.

[100] Heiler M, Schnorr C. Learning sparse representations by non-negative matrix factorization and sequential cone programming [J]. Journal of Machine Learning Research, 2006, 7: 1385-1407.

[101] Heiler M, Schnorr C. Non-negative matrix factorization with sparseness constraints [J]. Journal of Machine Learning Research, 2004, 5: 1457-1469.

[102] Zen G, Ricci E, Sebe N. Exploiting sparse representations for robust analysis of noisy complex video scenes [C]. European Conference on Computer Vision, 2012: 199-213.

[103] Zen G, Ricci E. Earth mover's prototypes: A convex learning approach for discovering activity patterns in dynamic scenes [C]. IEEE Conference on Computer Vision and Pattern Recognition, 2011: 3225-3232.

[104] Nesterov Y. Gradient methods for minimizing composite objective function [C]. CORE, 2007.

[105] Ling H, Okada K. An efficient earth mover's distance algorithm for robust histogram comparison [J]. IEEE Transactions on Pattern Analysis and Machine Intelligence, 2007, 29: 840-853.

[106] Rubner Y, Tomasi C, Guibas L J. The earth mover's distance as a metric for image retrieval [J]. International Journal of Computer Vision, 2000, 40: 99-121.

[107] Werman M, Peleg S, Rosenfeld A. A distance metric for multidimensional histograms [J]. Computer Vision, Graphics, and Image Processing, 1985, 32: 328-336.

[108] Pele O, Werman M. Fast and robust earth mover's distance [C]. IEEE International Conference on Computer Vision, 2009.

[109] Holmes A S, Rose C J, Taylor C J. Transforming pixel signatures into an improved metric space [J]. Image Vision Comput, 2002, 20: 701-707.

[110] Indyk P, Thaper N. Fast image retrieval via embeddings [C]. International Workshop on Statistical and Computational Theories of Vision, 2003: -.

[111] Black M J, Anandan P. The robust estimation of multiple motions: Parametric and piecewise-smooth flow fields [J]. Computer Vision and Image Understanding, 1996: 75-104.

[112] Huang K, Aviyente S. Sparse representation for signal classification [C]. Advances in Neural Information Processing Systems, 2007: 609-616.

［113］ Mallat S. A wavelet tour of signal processing ［M］. 2nd Pittsburgh USA Academic Press,1998.

［114］ Zhu X,Wu X,Fan J,et al. Exploring video content structure for heirarchical summarization ［J］. Multimedia Systems,2004,10(2):98−115.

［115］ Kim C,Wang J. An integrated scheme for object-based video abstraction ［C］. ACM Multimedia,2000:303−311.

［116］ Gong Y,Liu X. Video summarization using singular value decomposition ［C］. IEEE Conference on Computer Vision and Pattern Recognition,2000:174−180.

［117］ Ma Y,Lu L,Zhang H,et al. A user attention model for video summarization ［C］. ACM Multimedia,2003:533−542.

［118］ Ngo C W,Ma Y,Zhang H. Automatic video summarization by graph modeling ［C］. International Conference on Computer Vision,2003:104−109.

［119］ Sun J,Zhang W,Tang X,et al. Background cut［C］. European Conference on Computer Vision,2006:628−641.

［120］ Taj M,Maggio E,Cavallaro A. Multi-feature graph-based object tracking ［C］. Proceedings of the 1st international evaluation conference on Classification of events,activities and relationships,Southampton,2006:190−199.

［121］ Fu W,Wang J,Zhu X,et al. Video reshuffling with narratives toward effective video browsing ［C］. ICIG,2011:821−826.

［122］ Tian Z,Xue J,Lan X,et al. Key object-based static video summarization ［C］. ACM Multimedia,2011:1301−1304.

［123］ Kirkpatrick S,Gelatt C D,Vecchi M P. Optimization by simulated annealing ［J］. Science,1983,4598(13):671−680.

［124］ Gangnet M,Perez P,Blake A. Poisson image editing ［C］. ACM SIGGRAPH,2003:313−318.

［125］ Junejo I N,Foroosh H. Trajectory rectification and path modeling for video surveillance ［C］. International Conference on Computer Vision,2007:1−7.

［126］ Amato A,Haj M A,Mozerov M,et al. Trajectory fusion for multiple camera tracking ［C］. Computer Recognition Systems,2008:19−26.

[127] Anjum N, Cavallaro A. Trajectory association and fusion across partially overlapping cameras [C]. IEEE International Conference on Advanced Video and Signal-Based Surveillance, 2009:201-206.

[128] Kayumbi G, Anjum N, Cavallaro A. Global trajectory reconstruction from distributed visual sensors [C]. IEEE International Conference on Distributed Smart Cameras, 2008: 1-8.

[129] Javed O, Rasheed Z, Shafique K, et al. Tracking across multiple cameras with disjoint views [C]. International Conference on Computer Vision, 2003:952-957.

[130] Conte D, Foggia P, Sansone C, et al. Thirty years of graph matching in pattern recognition [P]. International Journal of Pattern Recognition and Artificial Intelligence, 2004:265-298.

[131] Nummiaro K, Koller-Meier E, Svoboda T, et al. Color-based object tracking in multi-camera environments [C]. Lecture Notes in Computer Science, 2003, 2781:591-599.

[132] Kang J, Cohen I, Medioni G. Tracking people in crowded scenes across multiple cameras [C]. Asian Conference on Computer Vision, 2004:157-168.

[133] Yongduek S C, Choi S, Seo Y, et al. Where are the ball and players? soccer game analysis with color based tracking and image mosaick [C]. ICIAP, 1997:196-203.

[134] Kuo C H, Huang C, Nevatia R. Inter-camera association of multitarget tracks by on-line learned appearance affinity models [C]. European Conference on Computer Vision, 2010:383-396.

[135] Hamid R, Kumar R K, Grundmann M, et al. Player localization using multiple static cameras for sports visualization [C]. IEEE Conference on Computer Vision and Pattern Recognition, 2010:731-738.

[136] Meneses Y d, Roduit P, Luisier F, et al. Trajectory analysis for sport and video surveillance [J]. Electronic Letters on Computer Vision and Image Analysis, 2005, 5(3): 148-156.

[137] Sheikh Y A, Shah M. Trajectory association across multiple airborne cameras [J]. IEEE Transactions on Pattern Analysis and Machine Intelligence, 2008, 30(2):361-367.

[138] Du W, Hayet J, Piater J, et al. Collaborative multi-camera tracking of athletes in team

sports [C]. Workshop on Computer Vision Based Analysis in Sport Environments, 2006:2-13.

[139] Wu Z, Hristov N I, Hedrick T L, et al. Tracking a large number of objects from multiple views [C]. International Conference on Computer Vision, 2009:1546-1553.

[140] Brown M, Lowe D G. Recognising panoramas [C]. International Conference on Computer Vision, 2003:1218-1225.

[141] Gori M, Maggini M, Sarti L. Exact and approximate graph matching using random walks [J]. IEEE Transactions on Pattern Analysis and Machine Intelligence, 2005, 27(7): 1100-1111.

[142] Cho M, Lee J, Lee K M. Reweighted random walks for graph matching [C]. European Conference on Computer Vision, 2010:492-505.

[143] Haveliwala T H. Topic-sensitive pagerank [C]. IEEE International conference on World Wide Web, 2002:517-526.

[144] Langville A N, Meyer C D. Deeper inside pagerank [J]. Internet Mathematics, 2004, 1:2004.

[145] Munkres J. Algorithms for the assignment and transportation problems [C]. SIAM, 1957.

[146] Zhang T, Liu S, Xu C, et al. Mining semantic context information for intelligent visual surveillance [J]. IEEE Transactions on Industrial Informatics, 2012, 9(1):149-160.

[147] Bashir F I, Khokhar A A, Schonfeld D. View-invariant motion trajectory-based activity classification and recognition [J]. Multimedia Systems, 2006, 12(1):45-54.

[148] Keogh E. Exact indexing of dynamic time warping [C]. Very Large Data Bases, 2002: 406-417.

[149] Wang H, Klaser A, Schmid C, et al. Action recognition by dense trajectories [C]. IEEE Conference on Computer Vision and Pattern Recognition, 2011:3169-3176.

[150] Lowe D G. Distinctive image features from scale-invariant keypoints [J]. International Journal of Computer Vision, 2004, 60(2):91-110.

[151] 陈尔学, 李增元, 田昕, 等. 尺度不变特征变换法在 SAR 影像匹配中的应用[J]. 自动化学报, 2008, 34(8):861-868.

[152] 孙即祥. 图像分析[M]. 北京:科学出版社, 2005.

[153] 冈萨雷斯,伍兹. 数字图像处理:第 2 版[M]. 阮秋琦,等译. 北京:电子工业出版社,2007.

[154] 章毓晋. 图像工程[M]. 北京:清华大学出版社,2005.

[155] 李波,郑锦,孟勃. 数字媒体内容理解[J]. 中国计算机学会通讯,2011,7(2):16-21.

后　记

——画眉深浅入时无

【释名：题目取自唐诗《近试上张水部》的最后一句。当时的官水部郎中张籍，以擅长文学而又乐于提拔后进与韩愈齐名。朱庆馀怕自己的作品不一定符合科举主考的要求，因此以新妇自比，以新郎比张，以公婆比主考，写下了这首诗，征求张籍的意见。全诗如下：

洞房昨夜停红烛，待晓堂前拜舅姑。

妆罢低声问夫婿，画眉深浅入时无？】

发明家爱迪生说过："如果我们只做那些我们能力范围以内的事，我们将陷入平庸！"正是这句话鼓舞我兴冲冲地拿起笔来（或许说敲起键盘来，更为真实一些）埋头苦干。当完成这有生以来的第一本书时，我长出了一口气，因为做任何事情都一样，不怕起点低，就怕不到底。

回首写作的整个过程，让人无比唏嘘，说不上每一页，但至少每一章都有很多地方让我彷徨和纠结。彷徨是因为无路可走，纠结是因为有太多路可走……总之，这无法言表的痛苦让我有了思考的动力，而后得到的几点心得更是让我尤为愉悦，想在此和大家分享一下。毕竟，不能和别人分享的快乐，谈不上真正的快乐。

1. 数学的重要性是再怎么强调都不过分的。谈起我从研究生阶段开始恶补《高等数学》《线性代数》《概率统计》等基础内容时，我总是"默默无语两眼泪，耳边响起读书声"。伟大的导师马克思早就告诉过我们：

"一种科学只有在成功地运用数学时，才算达到了真正完善的地步。"作为一个计算机方面的专业人士，却没有及时意识到这一点，实在悲催……而且在科学研究的过程中，数学作为一种无可替代的工具，也影响着我们的思维方式和思维习惯，从而也将深刻地影响着我们的思维能力。

2. 语言文字表达能力也制约着科学研究。语言文字表达就是按照一定的思路将所考虑的内容用文字符号固定下来。在这一过程中，一方面思维内容要寻求一定的形式与之相适应，另一方面表达形式又要求思维内容能够符合其规范。这是思维反复深化、思维内容进一步充实、思维过程进一步严密、思维质量进一步提高的过程。枪械设计大师斯帕金有一句广为流传的话："要使某些事情变得非常复杂是非常简单的，但要使它变得简单将非常复杂。"这句话用在这儿也是恰如其分的，一个东西若不能用较为简约朴实的语言表述清楚，只能说明研究得还不够到位，理解得还不够透彻。

3. 想要获取一点点成绩就要付出很大代价。相对一篇小论文来说，一本专著可以算上一个大工程，为此需要集中精力，夜以继日。也就是说，当你流连于咖啡厅和 KTV 的时候，我在电脑旁和程序代码较劲；当你牵着MM 的手漫步河畔的时候，我也在电脑旁和技术文档较劲；当你枕着美梦酣然入睡的时候，我还在电脑旁和图表格式较劲……有位大牛说过："你可以不思成功，但你的生活并不会因此而轻松。"事实也是如此，人的生命似海水奔流，不遇岛屿和暗礁，难以激起美丽的浪花。我们应当调整心态，像海燕一样呼喊："让暴风雨来得更猛烈一些吧！"

4. 读书不是为了雄辩和驳斥，也不是为了轻信和盲从，而是为了思考和权衡。儿时的我对书籍很是崇拜，阅读之前不说沐浴斋戒、焚香祷告吧，至少也是正襟危坐、严肃以待。后来逐渐发现书本来就有良莠之分，好书中也有谬误，经典里也有不完善的地方。记得中国科学院力学所的刘曰武老师常说："上联：尽信书不如无书，下联：不信书何必有书，横批：继承发展！"其实书上的文字就像指向月亮的手指，你应当顺着手指去看月亮，而不是仅仅把目光停留在指头上。"指月之喻"翻译成现代语言，就是——不要追寻前人的脚印，而要追寻他们的目标。

5. 读书是读道理，学习是学做人。在小的时候，我的课业学习不仅是被动的，而且是与生活剥离的，直到近些年，尤其是研究生之后，才从书中悟出一些道理：学习就像做人，踏踏实实才是正道，捷径经常只是看起来方便而已，实际上，你还是要付出相应的代价（如果考过试，你懂的……）；学习就像做人，其中总有许多你不想做却不能不做的，这是责任，也有许多你想做却不能做的，这是命运；学习就像做人，最重要的是经历和其中有过的情感，正如我对同屋的哥们儿说过："不要只想着得到结果，人生的结果就是——大部分人死在床上，少数人暴尸荒野，所以还是慢慢享受过程吧。"

拙作脱胎于博士期间的学术论文和工作以来的读书笔记，结构安排谈不上完善，内容上还有很多地方值得商榷，但我还是斗胆第一时间把它拿出来供大家拍砖，和恋爱一样，我们的口号是：早表白、早拒绝、早安心。